华夏英才基金学术文库

节水节肥型多熟超高产理论与技术

逄焕成　著

科学出版社

北 京

内 容 简 介

本书在全面系统地论述了国内外作物群体高产与超高产理论及实践研究现状的基础上，重点阐述了作者在黄淮海平原的豫东黄泛区和豫北平原区四年两地多熟超高产种植模式以及超高产下的水肥优化管理理论与技术。全书共分 7 章，包括绪论、多熟超高产模式试验设计与研究方法、多熟超高产模式产量与资源利用效率、多熟种植模式的超高产理论机制、多熟超高产模式关键调控技术、多熟超高产复合群体结构的构建规则、多熟超高产模式下的水肥优化管理等主要内容。

本书可供作物栽培学、耕作学、农田生态学、农业水资源利用学、植物营养与施肥等专业的科技工作者、大专院校师生，以及广大农业技术推广科技工作者参考。

图书在版编目(CIP)数据

节水节肥型多熟超高产理论与技术/逄焕成著. —北京：科学出版社，2010

（华夏英才基金学术文库）

ISBN 978-7-03-028016-9

Ⅰ.①节… Ⅱ.①逄… Ⅲ.①作物-栽培-研究 Ⅳ. S31

中国版本图书馆 CIP 数据核字（2010）第 114522 号

责任编辑：李秀伟/责任校对：纪振红
责任印制：钱玉芬/封面设计：陈 敬

科学出版社 出版
北京东黄城根北街 16 号
邮政编码：100717
http://www.sciencep.com

骏杰印刷厂 印刷
科学出版社发行 各地新华书店经销

*

2010 年 6 月第 一 版 开本：B5（720×1000）
2010 年 6 月第一次印刷 印张：9 3/4
印数：1—1 500 字数：186 000

定价：**38.00 元**
（如有印装质量问题，我社负责调换）

序

中国农业有其固有的特殊性：一是人多耕地少，粮食相对紧缺；二是国大地大，不能主要依靠进口粮食维持十多亿人的生计；三是水肥资源缺乏，必须珍惜并合理利用。为此，就要设法不断提高土地、水肥利用率和生产率，力争做到既要高产高效，又要持续发展。因此，走可持续的集约农业是中国农业发展的一条主要道路。

目前我国人口以年均 1500 万的速度递增，2020 年将达 15 亿，2050 年将增至 17 亿～18 亿。据测算，到 2030 年，要保证 16 亿人口达到中等发达国家的生活水平，粮食作物单产至少要在现有产量水平上再提高 60%，否则，就会像西方某些人士预言的那样，中国要把世界市场的粮食都买光。人多地少，促使我国农业的发展必然要走一条劳动和技术密集相结合的道路，在这方面发展间、套、复种是一条必由之路和重要措施。据有关专家研究，从现实情况来看，目前我国农作物复种指数为 158%，而理论复种指数可达 198%，还有 40% 的潜力，而近期可挖潜力为 10%～15%。

实行间、套、复种，一地多熟的种植制度是集约持续农业的一个重要方面与体现，这是千百年来勤劳智慧的中国农民的辛勤创造与现代科学技术相互融合的结晶。目前我国有近 8 亿亩①的土地复种、5 亿亩以上的土地间套作，对我国农业生产起着举足轻重的作用，也是对世界农业科学技术宝库的一项重要贡献。随着国民经济与农业生产的不断发展，这项以精耕细作为特征的集约技术还在进一步朝着高产高效化、机械化、化学化、自动化与农业发展持续化的方向发展，科学家们不断探求适合各地的新的模式与技术。

20 世纪 90 年代以来，吨粮田开发发展迅速，1995 年全国已有 6000 多万亩耕地实现亩产吨粮，有 35 个县（市）先后跨进整建制吨粮田开发的行列。高产高效吨粮田开发是我国农业生产的一项创举，把农业生产提高到一个新水平。吨粮田是现代科学技术与传统精耕细作农艺相结合的成果，显示耕地有很大的增产潜力。那么，能否在亩产吨粮的基础上再创新高？在目前农业生产技术条件下，耕地的最大生产潜力到底还有多少？这些都是需要回答的问题。

目前，粮食的平均单产仍较低。世界稻谷、小麦、玉米平均亩产分别只有 221.3kg、154.3kg 和 213kg，但所创造的高产纪录已经达到很高的水平。澳大

---

① 1 亩≈666.7m²，全书同。

利亚、美国和日本先后创造了亩产稻谷 1097kg、1089.6kg 和 876.6kg 的纪录；美国的灌溉小麦和旱地小麦亩产最高分别达到 940.5kg 和 607.5kg；我国青海省诺木洪农场曾创造了春小麦亩产 792.7kg（1973 年）的国内最高纪录；新疆生产建设兵团 131 团在 1103.7 亩土地上创造了玉米平均亩产 1031kg 的全国纪录（1990 年）；世界玉米最高亩产达到 1554kg（1985 年）。所有这些都向人们展示了粮食作物提高单产的巨大潜力。为进一步挖掘潜力，作物栽培科学现代化将起重要作用。据科学家计算，我国各地单季粮食作物的光温生产潜力如下：长江以南地区，早稻亩产 1100kg，晚稻亩产 1400kg；黄淮海平原地区，冬小麦亩产 780～960kg，夏玉米亩产 1100～1350kg；西北地区，春小麦亩产 1300kg，春玉米亩产 2100kg；东北地区，春玉米亩产 2200kg。小面积高产纪录单季稻亩产 1006kg，春小麦 1013kg，冬小麦 871kg，春玉米 1064kg，夏玉米 1096kg。2008 年我国黄淮南部河南小麦、玉米两熟，50 亩连片小麦平均亩产 695.8kg、夏玉米平均亩产 872.7kg，在同一块土地上连片 15 亩小麦、夏玉米一年两熟平均亩产达到 1733.66kg，其中小麦平均亩产 668.88kg、玉米 1064.78kg，创造了我国黄淮海地区同面积小麦、玉米一年两熟的最高产量纪录。科技进步不断挖掘耕地的增产潜力，为农田生产潜力的开发创造了可能性。

逄焕成博士自"九五"以来，主持承担了国家攻关课题"黄淮海多熟高产种植制度研究"（项目编号：95-004-01-14）、"豫北平原中产田综合治理与农业持续发展研究"，国家农业综合开发科技示范项目"河南省封丘小麦玉米间套复种高产科技示范推广"，公益性行业（农业）科研专项课题"资源节约型农作制技术研究与示范"（项目编号：200803028）等。上述研究工作形成了颇具中国特色的节水节肥多熟超高产理论与技术体系。

该专著是逄焕成博士多年从事多熟超高产模式与水肥集约利用的研究成果，是一部全面系统研究通过集约多熟与集约栽培相结合达到超高产的全新著作，不仅填补了我国该研究方面的空白，而且对世界气候相似的国家和地区的多熟超高产也具有重要参考价值。除此之外，本书将多熟超高产模式与水肥资源节约及集约利用研究相结合，内容相互衬托，共成体系。

我相信该书的出版对我国多熟超高产和节水节肥理论与技术的发展必将起到积极的促进作用。

2010 年 2 月 1 日

前　　言

　　由于全球性的人口剧增和耕地水肥资源紧缺，农作物高产与水肥高效利用问题一直是世界性的重大课题。无论是发达国家还是发展中国家，都致力于持续提高农作物单产水平及其资源利用效率的研究与实践，以在有限的耕地上生产出尽可能多的为人类所需要的农产品。20 世纪 80 年代以来，许多国家及研究组织相继开展了围绕提高作物生产力为中心的研究项目，如日本的"作物高产工程"、美国的"作物生产力开发研究"、以色列的"水资源高效利用与高产"、国际水稻研究所（International Rice Research Institute，IRRI）"突破产量限制"新研究计划等。这些均反映出人类开发农作物产量潜力的信心和勇气，势必推动农业产量水平不断向新的台阶迈进。中国人多地少，资源相对不足的矛盾更为突出，食物压力甚大，高产要求的迫切性更为强烈。美国学者莱斯特·布朗"谁来养活中国"观点的提出，更使农作物高产问题受到更多关注。我国以占世界 7% 的耕地养活占世界 22% 的人口，而且要保障人们生活水平与消费水平持续提高，粮食高产的任务异常艰巨。尽管从 1949 年到 2007 年，粮食总产从 1132 亿 kg 增加到 5015 亿 kg，单产从 57kg 增加到 316kg，人均粮食从 250kg 增加到 379kg，取得了巨大的成就，但与世界发达国家相比，差距还是很大。随着我国经济的不断发展和人口的继续增加，耕地日益缩减的趋势已不可逆转，增加粮食产量只能选择提高单产的途径，即走低产变中产、中产变高产、高产再高产之路。

　　农作物高产的核心是提高光能资源利用率，即"向太阳光要粮"、"收获太阳能"。为此，众多学者与研究人员从不同角度、理论、实践等多方面对提高光能利用率进行了长期不懈的探索。从理论上看，作物的光能利用率可达 5%~6%，并在某些作物（玉米、水稻、小麦）的短期生长过程中得到验证，但从整个作物生产过程看，实际的光能利用率远远低于理论潜力值。目前，世界农田平均年光能利用率只有 0.2%，我国为 0.3%~0.4%；国际生物学课题（IBP）在试验中最高得到 2.18%。由此看出，提高光能利用率及作物单产水平的潜力仍是巨大的，高产再高产的希望并非幻想。于是，各国科学家从作物品种选育，作物高产群体调控、新材料、新技术运用等多个角度，不断创造作物高产新纪录。如美国 1973 年创造了亩产玉米 1288.5kg 的纪录，1985 年又在伊利诺伊州出现亩产 1548.3kg 的新纪录。小麦与水稻等作物在国内外都有亩产超过 1000kg 的报道，展示出高产再高产的广阔前景。

　　相比较而言，采用间、套、复种等多熟种植形式在挖掘高产潜力上也是非常有效的手段之一，尤其是在人多地少的国家或地区，通过多熟种植不但可以协调作物争地矛盾，提高集约化种植水平，而且是实现超高产的重要技术途径。早在1978年我国著名劳动模范陈永康在江苏2.95亩试验田上，通过"麦—稻—稻"三熟模式年亩产达1526kg，其中小麦446.2kg，前季稻537.2kg，后季稻542.6kg；Brady报道IRRI科学家在菲律宾地区，通过一年种4次水稻，获得年亩产1553kg的超高产水平；1990年我国云南祥云县创造了小麦、夏玉米、马铃薯套种年亩产1861.53kg的超高产纪录，其中小麦734.64kg、夏玉米912.7kg、马铃薯856.74kg（折粮214.19kg）；2008年我国黄淮南部河南小麦、玉米两熟，丰产高效技术创造了50亩连片年亩产1568.5kg的超高产纪录，其中小麦平均亩产695.8kg，夏玉米平均亩产872.7kg。在黄淮海平原地区，各种各样的多熟种植模式一直是种植制度的主体，从20世纪80年代以"小麦—玉米"为主的种植形式的吨粮田开始较大面积出现，已经涌现出大量的"吨粮乡"，甚至"吨粮县"，而且通过间、套、复等种植形式，也出现了小面积的超吨粮农田，如近年来在黄淮平原的山东、河南等地示范推广的"冬小麦∥春玉米/夏玉米"（∥代表间作，/代表套作）、"冬小麦∥春玉米/夏玉米∥秋玉米"及"冬小麦/夏玉米/夏花生（谷子、大豆、甘薯）"等种植模式，资源利用效率与土地生产率很高，其产量和效益都超过一般的吨粮水平，得到当地政府与农民的欢迎。

　　由此可见，间、套、复种等多熟种植技术，对实现超高产意义重大。我国多熟种植历史悠久，不仅是传统农业的精华所在，同时也是现代农业的重要组成部分。截至目前，我国采用各种多熟模式的耕地已占全国总耕地的一半以上，播种面积占到2/3以上，而生产粮食则占到3/4以上。因此，开发多熟超高产种植模式与水肥节约高效利用技术，对促进我国农业增产增收，保护生态环境意义重大，尤其面对人均耕地即将减少到1亩的严峻局面，探索、开发超前性和储备性的多熟超高产模式与水肥节约高效利用技术意义更为深远。随着传统农业技术与现代农业新技术、新材料的有机结合，农业机械化水平的逐步提高，新的品种不断涌现，将会使我国多熟超高产与水肥节约高效利用的发展不断向前推进，更上一个新的台阶。

　　长期以来，我国政府十分重视农田高产与节水节肥研究，先后设立过许多作物高产技术的项目，如"区域持续高效农业综合技术研究与示范"、"粮食丰产科技工程"、"黄淮海多熟高产种植制度研究"、"豫北平原中产田综合治理与农业持续发展研究"和"资源节约型农作制技术研究与示范"等。多熟超高产和水肥节约利用理论与技术体系已经成为我国农业的研究热点与发展需求。

　　本书是以我在博士与博士后期间的研究内容为主体形成的，在本书出版之际，对我的导师——中国农业大学刘巽浩教授、陈阜教授，中国科学院南京土壤研究所徐富安研究员表示最衷心的感谢。本书的编写得到中国农业科学院农业资源与农业区划研究所任天志研究员、王道龙研究员、黄鸿翔研究员、白丽梅处长的大力支持与鼓励。我们研究团队的李玉义博士、王婧博士，研究生于天一、刘高洁、王海霞、董鲁浩、赵永敢、刘欣惠为本书的图表编辑付出了很多努力。本书的出版得到华夏英才基金和公益性行业（农业）科研专项项目"现代农作制模式构建与配套技术研究"（项目编号：200803028）经费的资助。对这些无私的支持，在此一并表示深深的感谢！

由于著者水平有限，错误之处在所难免，恳请广大读者批评指正！

逄焕成

2010 年 1 月 1 日

目　　录

第一章　绪　　论

第一节　作物群体高产与光能利用

农业生产的主要目的是通过提高光能利用率获得高额的经济产量。为了达到上述目的，国内外的农业科学家们对此从不同角度、不同途径进行了深入而有效的研究，取得了大量的研究结果。

一、单作群体高产与光能利用

Loomis 和 Williams（1963）以光作为基本的限制因素，估算作物的最大生产率约为 77g/（m² · d），其效率为总辐射能的 5.3%。之后，Evans（1975）和 Monteinth（1965）将最大的作物生产率与实际测定的短期的作物生产率比较发现，在理想条件下，某些作物能够达到估算的最大值 60% 以内，C4 作物玉米最高，为 52g/（m² · d）；C3 作物大豆最低，为 17g/（m² · d）。玖村敦彦等（1973）研究报道，在短期超密植、高肥栽培时，玉米作物生产率最大值达到 54.7g/（m² · d）。在长期栽培的情况下，最大值也可达到 51.6g/（m² · d），一年的净生产值可高达 2651g/m²（IBP，1969）。

1. 作物群体结构与光能利用

由于作物栽培条件和栽培技术不同，作物生长和作物群体结构类型也不同，而且作物每个生育阶段的长势和长相有别，群体和群体中光分布也有差异。殷宏章等（1959）、王天铎（1961）、顾慰连等（1985）、王金陵（1982）分别对水稻、小麦、玉米、大豆、甘蔗群体与光分布进行了比较细致的分析和研究，认为作物各生育期的群体结构不同，群体中的光分布也不同。群体大小比例适中，光分布良好，穗粒产量比较高。群体过大、过小均不利于产量的提高。

作物群体叶面积指数（leaf area index，LAI）影响光分布、光能利用和作物产量的问题越来越被人们所重视。殷宏章等（1959）应用大田切片法分析了三类麦田，得出群体密度高、LAI 大、群体下层光分布少的结论。关于群体光合与光强的关系，门司正三和左伯敏郎（1980）提出了一种计算方法，首次把光合作用与光强关系和群体中光分布情况结合起来，建立了光—光合成关系：

$$P = \frac{AbI}{A + bI} \qquad (1\text{-}1)$$

式中，P 为光合速率；A，b 均为特定常数，I 为光强。

之后，殷宏章等（1959）对此作了进一步修正，将呼吸作用考虑在内，得到群体总光合强度为：

$$Pn = \frac{b}{ak} \cdot \ln \frac{1+aI_0}{1+aI_0 e^{-kF}} - rE$$

式中，Pn 为净光合速率；a，b，r 均为特定常数；I_0 为自然光强；k 为消光系数；F 为累积叶面积系数；E 为呼吸速率。

这说明单叶的光合强度与光强并不呈线性关系。当光强达到一定强度，光合强度不再上升，甚至还有下降的趋势，但群体的光合强度，则随光强上升有增加的趋势（王天铎，1961），然而两者不再呈直线关系（胡昌浩和董树亭，1993）。

作物群体有一定的适宜 LAI 范围。在一定范围内，随着 LAI 的增加，群体光合速率不断增强。Brougham（1965）将太阳辐射截获达到 95％时的 LAI 称为临界 LAI，Kasanaga 和 Monsi（1954）将达到最大作物生产率时的 LAI 称为最适 LAI，并将这两个概念引入群体研究中。之后，许多学者对不同冠层的最适 LAI 进行了研究，发现最适 LAI 对水平叶冠层是低的，一般 LAI≤3，而对冠层的垂直叶则是最高的，LAI≥4 时才比水平叶冠层的作物生产率明显提高。因此在低 LAI 的情况下，水平叶冠层比垂直叶冠层叶表面的辐射角度稍微有利；在高 LAI 的情况下，垂直叶冠层有利于太阳光更加均匀地分布于冠层的所有叶面上。对于同一作物不同类型品种，群体光合所要求的最适 LAI 也不同，胡昌浩（1990）测定，平展型玉米品种'沈单 7 号'最适 LAI 约为 4，而紧凑型品种'掖单 4 号'最适 LAI 约为 6。同时发现，紧凑型品种只有在 LAI 达到较高的情况下，群体光合才显出优势，当 LAI 维持在 3～4 的水平上，群体光合速率反而低于同样 LAI 的平展型品种，因此紧凑型玉米比平展型玉米需要较高的 LAI 去获取光能。这些研究启示我们，实现作物所需要的最适 LAI、完成光截获率的95％、获得较高的光合速率是作物高产的保证。关于如何通过作物种植获得农田适宜的叶面积生长动态，Gardner（1985）指出，农业科学家目前所面临的挑战是要求作物在辐射能高峰出现之前就获得足够的叶面积，并在这一太阳能高峰的主要时期保持有效的叶面积，即辐射量最大值与 LAI、光截获最大值相吻合，这是农业科学家所追求的理想光截获模式。为了达到上述目的，育种学家们正在选择温带作物的抗寒品种，使其可较早地种植，以便在适期的季节中较早地达到最大 LAI，截获较多的能量。栽培学家正致力于早发晚收的栽培技术措施，寻求延长高 LAI 时间的管理途径。我国学者李登海亩产过吨粮的夏玉米抽雄后最大 LAI＞5，成熟时 LAI 仍然保持在 3 以上的事实充分证明了这一点。从目前来看，以上两种方法有一定的效果，但在生产实践中仍显难度较大。因为对于大多数一年生作物来说，其固有的生活周期特性决定了它不可能无限制地延长生长时间来适应这种季节性光分配特点。而为了进一步充分利用生长时间，采用间、套、复种多熟种植则是适应这种自然现象的一种现实而有效的途径。

2. 作物群体冠层几何学结构与冠层光分布、光能利用

不同作物种类各有适合的叶倾斜角度模型。叶片倾斜影响辐射能的截获和在冠层的分布，因此不同作物、品种其临界 LAI 不同。陆定志（1984）在水稻上的测定结果表明，水稻作物群体叶片挺直比叶片披垂的光强分布良好，尤以倒1、倒2叶接受太阳光多，辐射能强，说明叶姿、叶倾斜角大小直接影响光强分布和光合效率，这点对育种家早有启示。20世纪50年代以来，育种学家一直在选择叶片挺直、株型紧凑的水稻、玉米等作物新品种。田中于1972年通过人工改变叶角的方法，阐明了叶角对群体光合作用与物质生产具有重要作用，徐庆章等（1995）、李登海和黄舜阶（1992）也通过人工改型的方法证明了同一基因型不同叶角对玉米群体光合效率的显著影响，且其效应随密度增大而加强，紧凑型比平展型光能利用率高 18.06%。Loomis 和 Williams（1969）利用计算模式估计叶片倾斜角度和叶片数量对玉米及三叶草的作物生长率的影响，也表明叶面积越大、叶角越小，作物生长率越高。对于叶片在植株体上的空间排列，裴炎等（1988）引入角度指数参数研究发现，适度增大棉花上层主茎节距，降低角度指数和上层叶所占比例，有助于冠层消光系数的减小和整体透光条件的改善，上层叶在强光下光合速率高，中下层叶在低光下高，也可有效地利用光能。

总之，群体干物质质量取决于作物冠层对光能的截获和利用效率。从光能截获来看，Gardner（1985）总结得出，对作物辐射截获影响因素的大小顺序是：LAI>叶分布（包括叶片在植株上的配置与植株在田间的配置）>叶角>叶片的光吸收特性。

3. 产量构成与作物群体高产关系的研究

方精云（1995）通过水稻密度试验总结出所谓"最终产量一定法则"，即在一定条件下，密度不断提高，而水稻产量则受其条件决定，植物体最终干物质产量就出现了接近某一定值的现象。这一法则，应用于水稻成立，而对小麦、玉米、大豆、高粱等，其总干物质质量确实符合此法则，但籽粒产量则不符合。在某种密度下，产量最高，超过这种密度又降低，是一种抛物线的关系（Donald，1963），这是作物群体自动调节和反馈现象共同作用的结果。对此，我国许多学者围绕着作物产量构成的三因素的自动调节与人工调控展开了大量的研究工作，综合其研究成果，主要包括：①对稻、麦等分蘖作物来说，在由低产变中高产过程中，应采用大播量、大群体，以提高亩穗数为中心获得高产；②在高水肥条件下，应以攻穗大、粒多、粒重，提高群体质量为突破口夺取更高产量，而不是扩

大以苗、茎数为中心的群体结构。与此同时，各地也创造出相应的高产栽培技术，例如，山东的小麦精播高产技术（余松烈，1990），江苏的小麦"小、壮、高"生产模式（凌启鸿等，1983），浙江的水稻"稀、少、平"高产模式等。在水稻高产、超高产育种方面，杨守仁等（1996）在系统总结其 40 年育种工作的基础上，提出了协调水稻亩穗数与穗粒重的"三优假说"，即最佳株高、最佳穗重、最适分蘖性能，通过协调三因素的关系培育超高产水稻良种。玉米高产栽培上则采取利用紧凑型高产品种，在适宜高密度的基础上，提高整齐度，增加单株生产力，取得了亩产 800～1000kg 的高额产量（李登海，1994；胡昌浩，1990），由上可见，产量水平不同，提高产量的主攻方向也不尽相同。

4. 源库关系的协调与作物群体高产

1928 年，Mason 和 Maskell 通过对碳水化合物在棉株内分配方式的研究首先提出了作物的源库学说，但大量的关于作物源库对籽粒产量作用的研究成果是 20 世纪 60 年代以后不断涌现出来的。关于源库理论的研究，概括起来主要有以下内容：①源库流对作物产量的限制；②群体、个体水平上源库关系的比值分析；③源库端的生理特性和装入与卸出的机理；④激素对源、库及两者关系的调控等。关于作物源库理论在实际应用上意义较大的研究有如下 4 项。一是 Thorne（1974）在分析了源库对产量形成的两种不同观点的试验材料后指出，日照量较强、作物能充分进行光合作用的澳大利亚由库容决定产量，而在日照较弱、光合作用不充分的英国，则由产量内容物的生产决定产量。二是曹显祖和朱庆森（1987）按源库特征与产量的关系将水稻品种分为增源增产、增库增产以及库源互作 3 种类型。三是 Lafitte 和 Travis（1984）及凌启鸿和杨建昌（1986）指出可用粒/叶［颖花（粒）/叶（cm²）］、实粒/叶（cm²）、粒重（mg）/叶（cm²）作为衡量和反映水稻群体源库是否协调的一个指标，并推断当叶面积发展到一定限度时，可通过提高"粒叶比"来继续提高产量。四是研究表明胚乳细胞数目与籽粒体积、灌浆速率及粒重均呈高度正相关。胚乳细胞分裂发生在停滞期，该阶段一旦结束，籽粒质量和体积的潜力便被决定了，因而人们更应注意早期影响库的因素。综上可见，源库关系在品种间不是单一的类型，且会随着环境条件的变化而变化。总体来说，我国地域辽阔，生态条件复杂，作物品种繁多，要想概括出一个统一模式是不现实的，而弄清在一定具体生态条件、栽培条件下品种的源库特征，找出限制产量的因素则是可能的，这对于因种栽培及设计新品种选育方案都是有重要指导意义的。如张毅和顾慰连（1992）认为低产田的主要因素是源，应通过土壤改良、合理施肥扩源增产；曹靖生和曹大伟（1989）认为在黑龙江地区，由于积温少、光合作用时间短，玉米生产上应采用增源增产型品种。山东省则概括出"增库促源"与"增穗保叶"的高产栽培理论与技术体系并正在推广中。对于今后的发展，生理学家、育种学家、栽培学家共同的认识是进一步提高生物产量应从育种栽培等途径入手，走提高源、库、流的水平及在较高水平上使其协调之路。

以上是从单作群体的光合性能、产量构成和源库关系三个不同角度来探讨群体高产的途径。其中光合性能主要是从冠层光截获、光合成的角度研究高产的形成；产量构成主要是从收获产品组成性状的形成和结果进行数量分析；而源库关系则是从物质的分配来认识产量的形成，由于三者均是以产量最高为目标，则必然在时间和空间上存在着诸多联系，同时三者又各具特色，互相弥补。因此要全面系统地认识产量形成，必然需要三者的结合。

二、复合群体高产与光能利用

复合群体是指由两种或两种以上的作物共同组成的复合种群。与单作群体相比，其最主要的特点是田间配置上的非均一性分布。除构成单作群体结构的因素之外，还有带型、幅宽、间距、共生作物的时间差、空间差等因素。

1. 多熟复合群体的增产效果

间套作是否增产，各国学者对此问题看法不一。美国有些试验认为间套作并不比单作增产，甚至反而减产（Gallaher，1975；Mckibben，1970）。但是世界各地的大量研究一致表明，合理的间套作有利于增产（Fisher，1980；Beets，1977；Evans，1975；Enyi，1973）。以 LER（land equivalent ratio，土地当量比）作为衡量间套作产量的一种指标，LER 一般都超过 1.0。Francis（1986）在玉米与菜豆间作试验，LER 高达 1.63～1.69；国际水稻研究所研究报道，一般合理的间套作增产幅度为 30%，好的达 50%。国内有关间套作的试验研究表明，与单作或复种相比，间套作均有不同程度的增产效果（邹超亚和陈颖，1991；李凤超等，1988；张训忠和李伯航，1987；杨春峰和成升魁，1986；董宏儒和邓振镛，1981；刘巽浩等，1981；熊凡，1980；侯中田，1978）。成升魁（1990）从理论上对我国北方麦田多熟研究表明，麦玉两熟的光温生产力大致为1300～1500kg/亩，其中麦/玉米＞麦－玉米＞麦//玉米，与一熟单作平均产量相比，麦玉两熟在北方地区的光温增量率为 60%～120%，光温水土增量率为50%～100%，光温水土灌增量率为 70%～120%。可见，多熟复合群体的增产潜力是比较大的。

2. 复合群体增产机理

由多种作物组成的复合群体结构，各个作物都要占据一定的生态空间，同时又要吸收利用一定量的营养元素，由此也导致了作物与环境、作物与作物之间在生存过程中复杂的行为关系。Gause（1934）提出了竞争排斥原理，认为两个生态位完全相同的物种生活在一起必然会引起激烈竞争甚至导致某一方的死亡。之后 Vandermeer（1989）对此进行了修正，提出了竞争生产原理（competitive production principle），指出竞争生产原理的机制实质上是指在弱竞争下的物种共存，且相对于单一种群结构而言，具有增益效果的机制。实际上两个物种共存时通常会产生生态位分异、生态位重叠或产生环境异质性，其中对光环境因子的竞争是最直接、最明显的。当间套在一起的两个作物组成群体冠层时，复合冠层的多层次光截留造成不同于单作群体的光环境。Trenbath 和 Angns（1975）曾对间作系统的光利用效率作过详细的讨论，概括为以下几点：①间作第二种耐阴或对光照要求不高生长阶段的作物有利于提高光转化效率；②复合群体间作形成的多层群体结构可有效地提高截光率，减少漏光损失；③多种作物形成的复层结构有利于提高冠层的净同化率，并增加间作系统内的 LAI；④采用间套作可以延长高效能光合作用时间。对于在作物共生过程中的相互作用，大体可分为三个阶段：一是密度很小，种群间不构成竞争；二是竞争产生，产量降低，但不构成致死威胁，如间套作共生盛期阶段；三是竞争激烈，构成致死威胁。对于第一阶段即无竞争存在，通常可采用单种群 Logistic 生长模型。在竞争出现的第二、第三种类型中，即两个种群处于有竞争的共存环境中，则是带有时滞的竞争模型。在人工复合群体中，可通过以下措施来减少竞争，促进互补。①作物合理搭配：如通过不同形态、生态型、生育期作物的搭配，以形成不同的空间、时间与生育上的生态位；②合理的田间作物结构：即选用适当的密度和作物株行距、带距、间距、高度差、行向；③改善生态环境与栽培管理措施，以满足群体内不同作物的需要。对此，国内外许多学者从间套作复合群体的异质互补效应、时间效应、空间效应、边际效应、种植方式的生态适应性等角度进行了大量研究（杨春峰，1990；邓振镛和董宏儒，1986；熊凡，1985；刘巽浩，1982；梁争光，1975；北京市农业科学院农业气象研究室，1974；沈阳农学院农学系大豆科研组，1973；Bhatt and Rao，1981；Singh and Singh，1981；Trenbath，1974）。这些研究对于不同地区选择合理的间套方式、构建合理的群体结构、充分发挥间套作的优势、尽可能减少或克服劣势以及提高复合群体的总体功效具有重要意义。

第二节 我国粮田高产研究进展

一、中国的粮食问题：挑战与希望并存

自美国世界观察研究所所长莱斯特·布朗发表《谁来养活中国》一文以后，关于中国粮食问题的争论掀起了轩然大波。许多学者在冷静地分析后认为，在中国粮食问题上，既不能像布朗那样低调，也不能囿于民族情绪而盲目乐观。从影

响我国粮食生产和供需平衡的内外因素看，在今后很长时期内将一直存在着潜在的粮食危机。一方面，随着工业化推进以及人口增长和民生状况的日趋改善，粮食需求总量将持续扩张，同时由于工业建设和其他非农侵占，农用耕地也在不断减少，这种逆向发展的不可移易之势给我国粮食生产造成巨大压力；另一方面，尽管从理论上说，粮食短缺可以由进口来弥补，但靠海外供应基本生活必需品对我国这样一个大国毕竟不是一个稳妥的办法，而且容易受到意识形态和政治因素的干扰，因此我国必须在粮食上保持相当水平的自给。因而，粮食问题是我国社会经济发展中政府所面临的最富挑战性的艰巨任务，也是政府应首先予以关注并为之奋斗的重大战略问题。

从我国农业现状来看，技术潜力巨大。科技进步在我国粮食增产中的贡献率份额大体在 35% 左右，而发达国家已达 60%～80%。在粮食单产方面，我国粮食作物单位面积产量虽然高于世界平均水平，但与发达国家相比，还有较大差距。水稻平均每亩低 60～80kg，小麦平均每亩低 100～200kg，玉米平均每亩低 200～300kg。在资源利用效率方面我国化肥利用率仅为 30%～40%，灌溉水利用率为 40% 左右。对此，科技挖潜增产的前景广阔。据范秀荣和彭珂珊（1998）报道，2010～2030 年的 20 年间，应保证 1.2% 的粮食增长速度，力争 1.4% 的粮食增长速度，这样才能有把握做好粮食供需总量基本平衡（表 1-1）。从我国粮食增产的潜力来看，中低产田改造、提高水肥资源利用率、选育推广良种、推广现有实用技术、提高复种指数等手段均有一定潜力。其中提高水肥资源利用率和提高复种指数是现实而有效的增产手段。

表 1-1　2010～2030 年我国粮食供需平衡状况　　（单位：亿 kg）

年份	需求量	供给量					
		1.0% 增长速度		1.2% 增长速度		1.4% 增长速度	
		生产量	差额	生产量	差额	生产量	差额
2010	5628	5267	−361	5413	−215	5562	−66
2020	6176	5794	−382	6062	−114	6340	+164
2030	6818	6373	−445	6789	−29	7227	+409

资料来源：范秀荣和彭珂珊，1998。

二、集约化栽培与集约化种植：中国农业的特色

我国是当今世界上人均资源甚少的国家之一，人均耕地、林地、草地和水资源分别相当于世界平均水平的 1/3、1/8、1/3 和 1/4，我国人均化肥量为 21kg，而世界平均人均 27.4kg，美国人均 75.4kg，原苏联人均 85.4kg。人口众多、资源相对匮乏的国情决定了中国必须选择以提高土地利用率为中心的集约化栽培与集约化种植的农作制度。

　　新中国成立以来，我国耕作制度的集约度有了明显的提高，复种指数由1952 年的 130%逐步提高到目前的 155%左右，全国约有复种面积 7 亿亩，居世界第一，生产着占全国总产 70%的粮食、棉花，从而使我国以占世界 7%的耕地供养占世界 22%的人口，此项支撑技术很受国际重视。

　　展望未来，进一步加强以多熟高产为主要内容的集约耕作制度研究与开发，对于协调 21 世纪我国 16 亿人口与不足 18 亿亩耕地的突出矛盾有不可替代的重要作用。我国人多地少，后备耕地资源不足，农业增产的主要出路不是靠开荒或广种薄收，而是靠提高单位面积的年产量。而要提高产量，就必须适当地增加物质投入，其中主要是增加化肥与灌溉用水的投入。这使肥料资源与水资源俱缺的中国农业处于一种尴尬境地。面对粮食增产与水肥资源匮乏的双重压力，中国农业唯一的出路是走多熟高产与提高水肥利用率并重的道路。

三、我国高产高效吨粮田的研究进展

　　20 世纪 90 年代以来，吨粮田相继在我国大面积出现，至 1995 年全国已有6000 万亩耕地实现吨粮，有 35 个县（市）先后跨进整建制吨粮田开发的行列。吨粮田的建设与开发显示出耕地具有很大的增产潜力，为我国粮食总产再上一个新台阶发挥了重要的促进作用。从全国各地吨粮田实践来看，吨粮田 90%以上出现在间、套、复种的多熟地区，多熟种植与吨粮田出现的概率呈正比。

1. 吨粮田是现代科学技术与传统精耕细作农艺相结合的成果

　　我国南北方吨粮田开发之所以获得成功，得益于以下几个方面：首先是高产新品种的选育和推广。过去 45 年我国粮食作物大致经过 4～5 次品种更换，每次更换都使农作物增产 15%～20%。20 世纪 90 年代更换品种的特点是杂种优势对吨粮田开发起重大作用。最重要的有两种：第一是杂交稻的推广；第二是紧凑型玉米的培育。这些高产新品种的选育和推广为南北方两作亩产吨粮创造了可能性。其次是间、套、复种。农作物间、套、复种在我国农作上有悠久的历史，是我国传统精细农艺的精华。例如：华北平原小麦玉米套种面积占玉米面积的1/2；西北灌区春小麦、春玉米套种面积占春玉米面积的 1/3；云、贵、川以及两广丘陵旱地农作物间、作、套种面积也相当广泛。再次是覆膜栽培。农用薄膜的引进和应用，是农业生产上一项突破性的物化技术。1995 年全国农作物覆膜栽培面积达 8000 多万亩，有明显的增温保墒、增收增产的效果。在水稻、小麦，特别是玉米上应用可增产 30%～60%，甚至于 1～2 倍以上，为实现亩产吨粮创造了条件。最后是精耕细作。传统农业技术虽然建立在手工或半手工劳动和直接生产基础上，但在各种物化技术投入和智能因素配合下，已经赋予新的内涵。例如，李登海种植的夏玉米高产田，连续 6 年亩产接近或超过吨粮。其种地如织锦，管理如绣花。随着科技进步，如新型品种的培育、肥料和植物生长调节剂的生产和推广、农业机械的研制和应用、节水灌溉技术的发展，均可望进一步挖掘耕地的增产潜力（佟屏亚，1996a，b）。

2. 吨粮田的实现条件

从我国吨粮田实践来看，实现全年亩产吨粮的必需条件包括热量条件、水分条件、土壤条件、肥料条件等方面。①优越的热量条件：北方旱作小麦—玉米两熟制年≥0℃积温在4500℃以上，麦—稻—稻三熟制年≥10℃积温在5300℃以上，日照时数2138h以上。②充沛的水分条件：年降雨量在520～900mm以上，保证有效灌溉水量为300～350m³/（亩·a）。③良好的土壤环境条件：吨粮田定位建档追踪研究表明，吨粮田的肥力指标是：有机质含量北方旱地平均为1.3%，全氮平均为0.921g/kg，全磷平均为0.105g/kg，速效氮、速效磷、速效钾含量分别为68.83mg/kg、15.90mg/kg和94.48mg/kg。南方水田有机质含量为2.811%，全氮为1.753g/kg，速效氮、速效磷、速效钾含量分别为137.38mg/kg、19.97mg/kg和114.72mg/kg。地力对产量的贡献率，北方旱地为45.3%～61.5%，南方水田为52%～81.9%。④充足的肥料条件：年亩产1019.1kg，需投入氮30.5kg、P_2O_5 11.1kg、K_2O 30kg，三者比例为1∶0.3∶1。年亩产1120.1kg，需投入氮36.7kg、P_2O_5 18.2kg、K_2O 21.9kg，总量比例为1∶0.5∶0.6，无机肥比例为1∶0.35∶0.2。在多熟制条件下，肥料也不是越多越好。根据目前技术水平，年亩施纯氮31～36kg、P_2O_5和K_2O各施20kg。每千克纯氮能产粮在30kg以上，大体可以实现吨粮指标。在目前的熟制、品种和栽培水平，年亩产在1000～1200kg是处于明显的边际增值期，虽然进一步增加投入可以提高产量，还处于边际增值期，但单位投入的产出效果比不上1000～1200kg水平。

3. 吨粮田开发的效益分析

现代农业生产是一个开放式物质循环。吨粮田开发是一项复杂的系统工程，总体指导思想是着眼于全年农作物的高投入、高产出、高效益。高投入指的是以多熟为中心的种植制度系统的土地综合生产力；高产出是以提高群体质量为中心的高光效作物生长系统；高效益是以经济效益、社会效益和生态效益统一的综合效益分析系统。

（1）经济效益

经济效益是吨粮田开发的物质基础，也是衡量可否持续发展的标志。据佟屏亚（1993）在河北廊坊地区的田间试验和百户吨粮田投入产出调查分析，吨粮田开发虽比一般田每亩物质成本增加16.7%，但亩产值却增加很多，达32.9%，每元物质成本产值率从 3.63 元增加到 4.13 元。湖南省常德县农业局于 1991 年对 288 户的高产田进行调查，吨粮田每亩物质成本增加 48.1%，亩产值增加 49.7%，每亩纯收入增加 11.2%，每元物质成本产值率仍基本保持稳定，从 4.56 元增至 4.65。通过对南方和北方吨粮田开发的经济效益分析，从低产变中产乃至吨粮田的开发过程中，绝大多数每亩纯收入都是增加的，但也有相反的报道结果。据在北京郊区的调查，1993 年粮食未再次调价前吨粮田每亩竟要亏损 140 元。1994 年初粮价上调后，核算结果每亩也不过赢利百余元。可见，吨粮田的经济效益是与国家粮食价格息息相关的。

(2) 肥料效益

国内外实践均证明，粮食增产与化肥投入量呈正比。我国 1949～1996 年粮食产量增长与施肥量增加呈极显著正相关（表 1-2）。1957 年按作物播种面积施肥折纯量仅 0.15kg，1994 年增至 14.9kg，而粮食亩产从 98kg 增至 271kg（佟屏亚，1996a，b）。美国科学家 Bedford 和 Hoe（1964）最近的一项研究表明，如果停止施用氮肥，全世界农作物将减产 40%～50%。从这个意义上看，现在和未来的高产高效农业实质上是"化肥农业"。农作物多熟高产必须增加物质投入，其中肥料投入占增加投入的 70% 以上。但是随着粮食产量的增长与肥料投入量的增加，肥效却逐渐降低。据全国化肥试验网的资料，每千克氮在 20 世纪 50 年代可增加粮食产量 30kg，而 80 年代初仅增加粮食产量 10kg 左右，肥料利用率从 40%～60% 下降到 20%～30%。

表 1-2　新中国成立以来各时期化肥、灌溉与粮食生产情况

项目	1949 年	1957 年	1978 年	1984 年	1987 年	1995 年
粮食总产量 /亿 t	1.13	2.00	3.05	4.07	4.56	4.67
粮食单产 /(t/hm²)	1.16	1.87	3.07	4.16	4.81	4.91
灌面占耕面比例/%	20.36	30.67	45.24	45.43	51.20	51.9
化肥用量 (折纯)/万 t	—	54.6	884	1739.8	3156.3	3593.7

注："—"表示无数值。

资料来源：龚子同等，1998。

(3) 水分利用效率

在全球性水资源匮乏的情况下，提高水分利用效率是衡量农业生产水平的重要标志。对河北省沧州地区 943 块高产农田资料分析表明，随着农作物产量的增加，水分利用效率在不断提高。例如，每亩耕地年亩产粮食 150～200kg，水分

利用效率为 0.35kg/(mm·亩);亩产粮食 500～600kg,水分利用效率为 0.66kg/(mm·亩);亩产粮食 700～800kg,水分利用效率为 0.85kg/(mm·亩);亩产粮食 950～1000kg,水分利用效率为 1.11～1.18kg/(mm·亩)。

(4) 能效益

能效益是能量投入与产出的一个综合性指标。根据对全国农业不同生产水平地区的能效益研究表明,能效益与总能量投入及无机能量投入呈正相关。如无机能投入多的高产地区每亩为 25.4 亿 J,能量产投比为 2.43,而投入较少的低产地区每亩为 3.6 亿 J,能量产投比为 1.43。以上数据表明我国能量投入正处于最有效阶段,过去 60 年能量投入增加,产出也在增加。

以上各种效益分析资料说明,在综合因素优化配合下并未证实报酬递减的普遍性,但绝不是说高投入可以无限增加。以玉米为例,过去用平展型玉米每亩种 2000～3000 株,亩产 200～300kg,过密则发生倒伏和小穗,继续增加投入会出现报酬递减;而紧凑型玉米每亩种 4500～5000 株,LAI 从 3～4 增至 5～6,为高投入提供了挖掘耕地生产潜力的载体。在生产要素与科学技术优化配合下,在作物生产潜力的自然范围内,投入产出比直线上升。在达到报酬递减点之前,或边际成本等于边际效益平衡点前的阶段,正是人类可能挖掘耕地生产潜力之所在。但如果综合配套技术运用不好,环境要素配合不协调,或者品种的生产潜力已经到顶,也会出现报酬递减的现象。

四、我国吨粮田的主要模式

吨粮田的实现是一个良田、良制、良种、良法综合配套的结果。合理的种植制度是达到吨粮田的重要途径。综合来看,各地主要有以下 5 种类型的模式。①双季稻区,以双季稻和小(大)麦配两季水稻为主,兼有春玉米配杂交晚稻、马铃薯配双季稻等形式;②稻麦区,主要是小麦、水稻两季实现亩产吨粮,兼有小麦、水稻加再生稻(或甘薯、马铃薯)达到吨粮;③南方旱地多熟区,以小麦、玉米、甘薯间套实现吨粮为主;④西北灌区,以小麦玉米半间半套为主;⑤北方麦玉两熟区,以小麦玉米间、套、复种为主。

第三节 我国多熟超高产模式的探索

目前我国粮田超高产的研究主要从两个方面进行,一是单个作物的超高产攻关。如"九五"期间,国家分别在河南、吉林、湖南进行的小麦、玉米、水稻等作物大面积亩产量达 600kg、1000kg、600kg 的研究,其侧重点在作物的超高产育种兼栽培技术方面。二是多熟超高产的探索。这方面的研究工作尚少。继 1978 年陈永康在 2.95 亩试验地上通过麦—稻—稻亩产达 1526kg 之后,20 世纪

90年代也出现了一些超高产典型：如浙江省峡县孔村，1990年100.8亩麦一稻一稻丰产片，亩产1501.9kg；浙江省黄岩区高洋村农户蔡继青1.028亩麦一稻一稻攻关田，亩产高达1720.7kg；云南省祥云县通过小麦、玉米、马铃薯套种亩产达1861.53kg；2008年在河南省温县祥云镇的50亩连片超高产攻关田中，'郑单958'玉米平均亩产达到836.3kg，'平安3号'小麦平均亩产达695.8kg，一年两熟平均亩产达到1532.1kg；在河南省浚县巨桥镇刘寨村的50亩连片超高产攻关田中，'浚单20'玉米平均亩产达到872.66kg，'矮抗58'小麦平均亩产652.4kg，一年两熟平均亩产达到1525.06kg等超高产典型，充分揭示了粮食高产的巨大潜力。综合来看，超高产的研究尚处于起步阶段，单个作物超高产与多熟超高产研究相结合可能是实现大面积超高产的有效途径。

从现有科学储备和生产条件可以预见，传统的常规农业技术结合现代科学技术，在提高农产品的产量和品质、满足人民生活需要方面仍将发挥重要作用。根据现有生产水平，依靠科技提高作物单产仍有较大潜力，超高产农业将得以发展，随着生物技术的发展，其增产潜力还会更大。

第四节　高产与水肥关系研究进展

一、高产与肥料的关系

1. 冬小麦氮、磷、钾元素营养与施肥技术研究

(1) 不同产量水平的养分吸收量

小麦产量不同，对矿质元素的吸收量不同，吸收比例更有较大差异。这种差异与栽培品种、栽培技术水平等均有很大关系。根据国内外有关资料研究，小麦产量与养分吸收量之间的关系总的表现为随着籽粒产量的提高，对氮、磷、钾的吸收量增加。从小麦产量形成过程与氮、磷、钾吸收关系看，总的趋势是随着单产水平的提高，小麦对氮的吸收比例有所下降。山东农业大学小麦栽培生理研究室（1984）研究表明，在高产水平（500kg/亩）条件下，氮的吸收比例小，钾的吸收比例大；在中高产水平（400kg/亩）条件下，氮的吸收比例相对增大；在低产水平（200kg/亩）条件下，氮的吸收比例最大。钾的吸收比例在不同产量水平麦田跳动性很大。在高、中、低三种产量水平条件下，每生产百千克籽粒量所吸收的氮和磷质量的平均数间差异显著。在形成百千克生物产量时，三种产量水平对钾的吸收不稳定，其差异有时很大。国内外对小麦吸收氮、磷、钾三要素的比例，多数报道为3:1:3，但不同地区、不同产量水平，各有适宜的氮、磷、钾肥料施用比例，从低产田的3.3:1:1.5到高产田的2.6:1:3.8（山东农业大学小麦栽培生理研究室，1984；陆懋曾等，1980）。

（2）不同生育时期的肥料吸收特点

小麦不同生育时期对肥料的吸收，尽管不同营养元素、不同施肥水平表现出有明显差异，但一般是随着生育的进展、植株干物质积累量的增加，氮、磷、钾的绝对量增加，而单位干物质含有量渐趋减少（余松烈，1990）。返青以前，小麦对氮、磷、钾的吸收量分别占总生育期吸收总量的 17.04％、11.11％ 和 9.75％；拔节后至开花期，是吸收三元素最多的时期，吸收量分别达到 71.97％、92.57％ 和 100％。开花至成熟期，对磷的吸收量较多。田奇卓等（1990）研究，小麦对肥料元素吸收强度的峰值，氮出现在孕穗期，磷出现在开花至成熟期，钾出现在孕穗期。小麦在不同时期吸收肥料的特点对于指导施肥方法与施肥技术有重要意义，这就要求在生产上必须注意在孕穗前供足氮肥和钾肥，还应注意开花至成熟阶段的磷肥供应。因磷肥在土壤中很少流失，故可在基肥中施足。

（3）不同时期施肥的供肥效应研究

陈佑良等（1986）研究，在氮肥追施情况下，小麦对氮肥的吸收随追肥期后延吸收峰值后移，吸氮强度逐增。药隔、四分体期追肥的吸收强度为基肥的 4～7 倍。返青期追肥吸肥高峰在起身至拔节期。起身期追肥吸肥高峰在起身至拔节期，也可持续至开花期。拔节期追肥吸肥高峰在拔节至开花期。吸肥峰期持续时间与施肥期施肥量密切相关。施肥期早、施肥量大，吸收峰值早，持续时间长；反之，则晚、短。曹学昌（1988）研究表明，不同时期追施等量氮肥，植株吸收的肥料氮和氮肥利用率随施肥期的后延而提高，土壤对氮素的固定则随之减少。

小麦不同时期对磷肥吸收特点则与氮肥有明显差异。刘毅志等（1978）应用等量磷肥实验证明，每亩施 P_2O_5 6.4kg 情况下，追肥的效果只有底肥的 83.8％，表现了明显的"底肥优势"现象。

（4）施肥量与经济产量关系

在不同的产量水平下化肥的增产效果随无肥区产量水平的降低，每千克养分元素增产量逐渐提高。氮肥单施每千克纯氮可使小麦平均增产 4.95kg；磷肥单施可使小麦平均增产 7.94kg，与以前的研究结果比较，氮肥的增产效果下降，磷肥的增产效果上升（山东省农业科学院土壤肥料研究所，1980）。在亩施元素氮、磷量为 0～20kg 情况下，不同地力水平的施肥量与小麦产量均呈抛物线关系。

2. 玉米氮、磷、钾元素营养与施肥技术研究

（1）玉米的需肥量

玉米的氮、磷、钾元素吸收量是确定玉米施肥量的重要参数。国内外研究分析表明，玉米总生育期对营养元素吸收最多的是氮，其次是磷和钾。每形成

100kg 籽粒平均吸收氮 2.680kg、K_2O 2.444kg、P_2O_5 1.066kg。但玉米对氮、磷、钾元素的吸收受多种因素的影响，其中影响较大的有产量水平的高低、品种的生长发育特性、土壤肥力水平、肥料施用情况及气候因素的变化等。

不同产量水平条件下，玉米对氮、磷、钾吸收量存在一定差异。有关研究资料综合分析表明，夏玉米对氮、P_2O_5、K_2O 的吸收量与产量水平呈显著正相关关系。形成 100kg 籽粒所需氮、P_2O_5、K_2O 的量与籽粒水平呈高度负相关关系。即随着产量水平的提高，单位面积玉米的氮、P_2O_5、K_2O 吸收量随之提高，而形成每 100kg 籽粒所需要的氮、P_2O_5、K_2O 量却下降，说明高产条件下肥料利用率提高。

不同玉米品种间氮、磷、钾需要量差异较大。赵延平和铁木尔（1983）研究表明，玉米每公顷的氮、P_2O_5、K_2O 吸收量一般为生育期长的高于生育期短的品种，生育期相近的品种一般为高秆品种高于中秆和矮秆品种。品种的株型特点对养分的吸收也有一定影响，紧凑型的'掖单 13'高于平展型的'沈单 7 号'，其中 K_2O 吸收量高出 70%，氮、P_2O_5 吸收量各高出 45%左右。品种间需肥量的差异与品种的株型特点、生育期长短、耐密性和耐肥性有关，因此，对于那些生育期较长、植株高大、适宜密植的品种，应适当增加施肥量。

玉米对氮、磷、钾的吸收在某些程度上受土壤供肥能力的影响。在肥力较高的土壤中，由于含有较多的可供植株吸收的速效养分，因而植株对氮、磷、钾的吸收量要高于低肥力的土壤条件，而形成百千克籽粒所需的氮、磷、钾量却降低，由此可见，培肥地力是获得玉米高产的重要保证。

施肥水平的高低影响土壤中养分的总体供应状况，进而影响玉米植株对氮、磷、钾的吸收。据全国紧凑型玉米高产栽培研究协作组于 1991 年在河北、山东、陕西和北京四省（直辖市）的研究结果，氮、磷、钾肥的单独施用及相互配合施用均可促进玉米植株对氮、磷、钾的吸收，产量水平也随之提高，但因为植株需肥量的增长幅度大大超过产量的提高幅度，所以形成百千克籽粒所需的氮、磷、钾含量随施肥量的增加而提高。这说明在肥料投入较大的情况下肥料养分利用率降低，这一点同肥料报酬递减规律是相符的。肥料的分配方式对需肥量也有一定影响。据张智猛等（1994）研究表明，在玉米吸肥高峰期重施氮肥可以促进植株对氮、磷、钾的吸收，形成百千克籽粒所需氮、磷、钾量也随之提高。

（2）玉米对氮、磷、钾吸收规律

1）不同生育阶段对氮、磷、钾的吸收　氮素吸收规律因玉米播种期不同而有所差异。产量水平相同的春玉米、夏玉米，各生育时期吸收量占总生育期吸收氮量的百分率差异较大。春玉米苗期生育期长，此期吸收氮量占总生育总氮量的 13%～14.5%，而夏玉米的相应值为 5.6%；穗期阶段春玉米吸收氮量为 33%～59%，夏玉米则为 66%，是总生育期的吸收氮高峰期；花粒期春玉米吸收氮量为 27%～54%，夏玉米为 28.4%。产量水平高低不同，不同时期氮素吸收强度与百分率亦不同。一般来说，产量越高，氮素吸收强度与百分率在苗期和花粒期越低，而穗期阶段越高。

苗期玉米虽然吸收磷量较少，但植株体内磷含量最高，所以此期是玉米需磷的敏感期，应注意磷的供应。苗期春玉米磷吸收率占 10%～15%，高于夏玉米；穗期夏玉米磷吸收量最大，占 52%～58.8%，高于春玉米；花粒期吸收量减少，为 42%～56.7%，但吸收比例高于夏玉米。

玉米吸收钾的高峰期在穗期，占 84%。苗期与花粒期较少，分别为 14.8% 和 1.1%。灌浆后甚至出现钾的损失，为总生育期吸收量的 13.7%。王忠孝等（1989）发现，夏玉米甚至早在授粉后就开始钾的损失，损失量占吸收量的 13.7%，这说明高产夏玉米在吐丝至灌浆期即停止钾的积累，但后期钾的损失原因尚不清楚。

2）品种特性与氮、磷、钾吸收特性 株型不同，玉米的养分吸收特性差异很大。崔彦宏等（1994）研究结果表明，紧凑型的'掖单 13 号'的养分吸收总量明显高于平展型品种'沈单 7 号'，氮、P_2O_5、K_2O 吸收量分别高 20.1%、33.1% 和 11.6%。大喇叭口期以前，两品种的吸收特点基本一致，此后差异逐渐加大。'沈单 7 号'有两个吸肥高峰，第一个在拔节期至大喇叭口期，且吸收强度大；第二个吸肥高峰在子粒形成期。'掖单 13 号'对氮、磷、钾的吸收在穗期一直维持较高水平，氮、磷的最大吸收强度出现在大喇叭口期至吐丝期，钾的最大吸收强度则出现在拔节期至大喇叭口期。总之，不同玉米品种间在氮、磷、钾的吸收特点上存在一定差异，有的差异甚至非常悬殊，因此，生产上应当根据品种的需肥特性来安排肥的用量、肥料间的配比及施肥时间等。

3）施肥对氮、磷、钾吸收的影响 张智猛等（1994）研究表明，施肥量对玉米的氮、磷、钾吸收有一定影响，高施肥量条件下比低施肥量条件下分别高出 18.1%、18.6% 和 25.6%，施肥量高时吸收高峰有 2 个，而施肥量低时只有 1 个，后期吸肥高峰消失，这可能与后期脱肥有关。在等量施肥条件下，前重型施肥（拔节期 35%、大喇叭口期 50%、吐丝期 15%）比前轻型施肥（拔节期 15%、大喇叭口期 50%、吐丝期 35%）氮、P_2O_5、K_2O 吸收总量分别高 10.5%、12.9% 和 5.5%。前轻型施肥后吸肥强度明显减弱，这可能是由于前期肥料不足限制了营养体的建成，尽管后期有充足的养分供应，植株也难以吸收利用，因此，在高产条件下花粒肥比重不宜过大，否则产量难以提高，而且还会造成养分浪费。

4）玉米的施肥技术 合理的施肥不仅能够增产，同时也能提高肥料利用率。综合我国研究提高玉米的肥料利用率的途径，主要包括以下几点：①氮、磷、钾肥配合施用。全国紧凑型玉米高产栽培研究协作组于 1992 年研究结果表明，氮、磷、钾肥配合施用各自的利用率分别为 27.7％、17.6％和 38.8％，分别比两种肥料配合时氮、磷、钾的平均利用率高 11.3％、12.0％和 9.1％。氮、磷配合施用可提高氮的利用率。据中国农业科学院研究报道，在缺磷土壤上硫酸铵的利用率为 35.3％，配施磷肥后提高了 51.7％。②改地表施为深施。③施肥必须与灌溉相结合。④增施肥料必须和增加密度相结合。我国许多"玉米千斤县"采用的都是"一换两增"的战略，即通过用紧凑型品种取代平展型品种来增加密度，同时相应增加化肥的投入量。⑤正确确定施肥时间。追肥的时期与次数，一般是根据玉米的吸肥规律、产量水平、地力基础和施肥数量来确定。国内外研究表明，磷、钾肥苗期吸收较多，以播前翻耕时一次全部深施为宜。全生育期氮肥均在吸收，又易流失，应分次施用。而施肥的次数、时间和数量则因地力、基肥数量制宜。春玉米高产田地力好，以轻追苗肥、重追穗肥和补追粒肥为好，宜采用施定苗肥和重施穗肥的方法。低产田地力基础差，宜采用重追苗肥和轻追穗肥的方法为好。夏玉米一般都未施基肥，因此氮肥应早施、重施。对于麦垄套种的，以提倡播种施少量种肥，定苗早追苗肥为好。

二、高产与节水关系研究进展

1. 土壤水分控制指标

我国是一个水资源相对贫乏的国家，人均水资源占有量仅为世界平均值的 1/4。既要节约用水，又要获得高产，因此，土壤水分控制标准是极为重要的指标。总的要求是土壤水分既要保证作物正常生长、具有高的光合生产率，又要有较小的棵间土壤蒸发。作物生长期既不产生水分胁迫，又不至于造成过多蒸腾，这样才有利于创造高的水分利用率，既高产又省水。土壤水分是作物生命活动的基础条件，作物在农田中的一切生理生化活动都是在水的介入下进行的。有时水分虽可满足作物生长需要，并可能实现高产，但因农田水分管理不当，造成高的蒸发量，高产而不省水。已有研究表明，作物不同生育阶段有不同的土壤水分适宜范围。一般把 70％田间持水量定为适宜的水分下限值。但近年研究表明，作物的某些生育阶段，如冬小麦的灌浆后期，土壤水分降至田间持水量的 50％左右，对小麦灌浆没有不利影响。研究表明，当土壤水分在 11％～19％范围时，土壤水分对于叶片光合作用影响几乎为等效，只在低于 9％～11％时，光合作用才明显降低（樊志升等，1997）。从节水与减少农田土壤蒸发与作物蒸腾角度看，土壤水分宜控制在略高于 55％～60％的田间持水范围，这样才可能减少农田蒸发量，并有较高的光合速率与适宜的植株生理过程，从而提高作物水分利用率。

2. 作物节水高产的需水量与需水规律研究

中国农业科学院灌溉研究所研究发现，在华北地区，小麦产量在 350～

465kg/亩范围内,其全生育期需水量为 $299\sim350m^3$/亩。不同产量水平棵间蒸发比例是不一样的。产量越低,棵间蒸发占总需水量的比例越大。当产量水平达到400kg/亩时,棵间蒸发所占比例基本稳定在 20% 左右,其曲线变得较平缓,以后产量再增加,棵间蒸发比例则不变(樊志升等,1998)。从全生育期来看,初期棵间蒸发比例为 60%~90%,而后期逐渐降低,一般在 10% 以下。以上研究结果表明,提高栽培技术水平、降低棵间蒸发量,是提高水分利用率的有效手段。

夏玉米日均需水量过程线,基本上是前期低、中期高、后期又降低的抛物线曲线。从不同生育阶段棵间蒸发量与叶面蒸腾量来看,它们之间的比例变化很大。播种期至拔节期,恰处于 6 月中、下旬至 7 月上旬,气温高,大气干燥,植株矮小,以棵间土壤蒸发为主,占 60% 以上。抽雄期之后,LAI 达最大,此间叶面蒸腾量所占比例大,是棵间蒸发量占比例最小的时期,一般为 21%~40%。从全生育期看,玉米棵间蒸发的比例占总需水量比例的 40%~50%。一般来说,随着产量的提高,棵间土壤蒸发的比例逐渐减少。由于棵间土壤蒸发量对产量形成基本上无意义,应当采取适当的栽培措施,尽量减少其所占的比例。20 世纪80 年代以来,采用地膜覆盖进行节水的田间管理基本上消除了棵间土壤蒸发,是减少农田耗水量、提高水分利用率的有效措施。

3. 合理施肥与水分利用率

在相对相同的条件下,增加施肥量可以促进植株根、茎、叶等营养器官的生长,不仅增强了根系对深层土壤水分的吸收,同时也增加了蒸腾面积和植株蒸腾作用,从而使耗水量增加。朱自玺等(1987)试验表明,玉米施氮肥比不施氮肥平均提高用水 32.5mm,产量增加 60%,水分利用率提高 44%。因此在施用大量氮肥或在肥力较高的土壤上增加灌水量是必要的,有利于提高肥效、增加产量。

参 考 文 献

北京市农业科学院农业气象研究室. 1977. 作物间作套种的光能利用研究. 植物学报(英文版),(4):
    272~282

曹靖生. 1992. 玉米不同株型结构源库关系研究// 中国农学会. 全国首届青年农学学术年会论文集. 北京:中
    国科学技术出版社. 173~178

曹靖生,曹大伟. 1989. 玉米自交系模糊聚类分析. 黑龙江农业科学,(2):25~28

曹显祖,朱庆森. 1987. 水稻品种的库源特征及其类型划分的研究. 作物学报,4:265~271

曹学昌. 1988. 应用 ^{15}N 研究小麦吸氮动态及不同时期追施氮肥的作用. 山东农业科学,(5):11~13

陈国平. 1994. 夏玉米的栽培. 北京:中国农业出版社. 59~78

陈国平. 1961. 间混套作的理论基础及其实践意义. 中国农业科学,(3):53~61

陈国平,李伯航. 1996. 紧凑型玉米高产栽培的理论与实践.北京:中国农业出版社. 153～161

陈伦寿,李仁岗. 1984. 农田施肥原理与实践.北京:农业出版社.58～75

陈佑良,张启刚,梁振兴等. 1986.应用富集^{15}N研究冬小麦对氮素的吸收规律及其对器官建成的影响.作物学报,(2):101～108

成升魁. 1990. 中国北方麦田多熟种植系统阈限与潜力及其理论研究.北京农业大学博士学位论文

程维新,赵家义,胡朝炳等. 1992. 作物与水分关系研究.北京:中国科学技术出版社. 54～65

程序.1995.世纪之交中国农业问题的战略思考,科技导报,2:42～45

程序.1997. 走向21世纪,中国正呼唤新的农业科技革命,科技导报,12:3～7

崔彦宏,罗蕴玲,李伯航. 1994.紧凑型夏玉米群体光合特性与产量关系分析.玉米科学,(2):52～57

村田吉男.1975.太阳能利用效率与光合成. 育种学最近进步,15:53～78

邓振铺,董宏儒. 1986.我国带田农业气候研究概述.气象科技,(3):80～85,98

董宏儒,邓振铺. 1981.带田光能分布特征的研究.中国农业科学,1:69～79

樊志升,胡毓骐,周子奎. 1997.间歇畦灌灌水技术及其节水机理的试验研究.灌溉排水,(4):39～43

樊志升,胡毓骐,吴高巍等. 1998.灌水均匀度对小麦产量的影响.灌溉排水,(3):24～27

范秀荣,彭珂珊. 1998.我国粮食生产发展特点与增产潜力研究. 西北农业大学学报,26(5):30～34

范贻山,王永锦. 1989.夏玉米高产施肥研究.土壤肥料,3:32～35

方精云.1995.吉良电夫与生态学的发展.生态学杂志,14(2):70～75

龚子同,陈鸿昭,骆国保等. 1998.我国土地与粮食的动态分析.农业现代化研究,19(5):54～58

顾慰连,戴俊英,刘俊明等. 1985. 玉米高产群体叶层结构和光分布与平量关系的研究.沈阳农学院学报,2:1～8

洪庆文,黄不凡. 1994.农业生产中的若干土壤学与植物营养学问题.北京:科学出版社. 173～212

侯中田. 1978.套种两熟群体生态对环境资源的利用效果及其应用技术研究.东北农学院学报,(3):38～46

胡昌浩.1990.高产夏玉米群体生理参数初探. 黄淮海玉米高产文集. 杨陵:天则出版社. 57～62

胡昌浩,潘子龙. 1982.夏玉米同化产物积累与养分吸收分配规律的研究,中国农业科学,2:38～48

胡昌浩,董树亭. 1993.高产夏玉米群体光合速率与产量关系的研究.作物学报,19(1):63～69

胡昌浩,王群瑛. 1989.玉米不同叶位叶片叶绿素含量与光合强度变化规律的研究.山东农业大学学报(自然科学版):20(1):43～47

胡毓骐,李英能. 1995.华北地区节水型农业技术.北京:中国农业科学技术出版社.201～209

户艾义次. 1979. 作物的光合作用与物质生产.薛德格译. 北京:科学出版社

黄文丁,章熙谷,唐荣南. 1993.中国复合农业.南京:江苏科学技术出版社.58～68

蒋彭炎. 1987.水稻不同群体条件与籽粒灌浆的关系研究.浙江农业科学,1:15

赖众民. 1985.马铃薯套玉米及玉米间大豆种植系统间套优势研究.作物学报,3:234～238

李伯航,黄舜阶,佟屏亚. 1990.黄淮海玉米高产理论与技术.北京:学术书刊出版社.58～67

李登海.1994.对我国夏玉米亩产900～1000公斤高产品种选育目标的探讨.作物杂志,(1):1～2

李登海,黄舜阶. 1992.玉米株型在高产育种中的作用:I.株型的增产作用. 山东农业科学,(3):4～8

李凤超,李增嘉,陈雨海等. 1988.玉米间作大豆的产量效益、土壤养分平衡及经济效益的研究.山东农业大学学报,(1):9～17

梁争光. 1975.作物间套复种与光能利用.中国农业科学,(1):94～115

凌启鸿,苏祖芳,张洪程等. 1983.水稻品种不同生育类型的叶龄模式.中国农业科学,(1):9～18

凌启鸿,杨建昌. 1986.水稻群体"粒叶比"与高产栽培途径的研究. 中国农业科学,3:1～8

凌启鸿,张洪程,程庚令等. 1982.水稻小群体、壮个体栽培模式. 江苏农业科学,1:1～10

刘巽浩. 1982. 我国不同农业地区能量转换效率与自然资源利用. 自然资源,(4):1~8

刘巽浩,韩湘玲,孔扬庄. 1981. 华北平原地区麦田两熟的光能利用作物竞争与产量分析. 作物学报,(1):
　　63~71

刘毅志,杜维岩,李新政. 1978. 小麦缺磷症状及磷肥的增产效果. 土壤肥料,(1):25~28

卢良恕. 1993. 中国立体农业模式. 郑州:河南科学技术出版社

陆定志. 1984. 杂交水稻及其优势利用的生理基础//陆定志. 植物生理生化进展. 北京:科学出版社. 1~21

陆懋曾,赵君实,毛冠伦等. 1980. 关于冬小麦高产栽培的几个问题. 山东农业科学,(1):1~5

马元喜. 1992. 小麦超高产应变栽培技术. 北京:中国科学技术出版社. 12~18

毛达如. 1987. 近代施肥原理与技术. 北京:科学出版社. 25~35

门司正三,左伯敏郎. 1980. 植物群体中光的因素及其对植物生产的作用//朱建人. 光合作用与作物生产译
　　丛. 北京:农业出版社

逄焕成,王慎强. 1998. 群体光合与光能利用. 植物生理学通讯,2:149~154

裴炎,邱晓,刘明钊. 1988. 棉花冠层结构与光合作用研究. 作物学报,3:214~220

钦绳武,顾益初,朱兆良. 1998. 潮土肥力演变与施肥作用的长期定位试验初报. 土壤学报,3:367~375

山东农业大学小麦栽培生理研究室. 1984. 冬小麦精播高产栽培的理论与实践. 山东农业科学,(1):1~6

山东省农业科学院土壤肥料研究所. 1980. 碳酸氢铵肥效和施用技术的研究. 小氮肥设计技术,(1):7~12

山东省农业科学院玉米研究所. 1987. 玉米生理. 北京:农业出版社. 2~8

山东省农业厅. 1990. 山东小麦. 北京:农业出版社. 126~145

山仑. 1994. 植物水分利用效率和半干旱地区农业用水. 植物生理学通讯,30(1):61~66

沈秀瑛,戴俊英,胡安畅. 1993. 玉米群体冠层特征与光截获及产量关系的研究. 作物学报,3:246

沈阳农学院农学系大豆科研组. 1973. 大豆的密度和栽培形式. 辽宁农业科技,(3):7~9

陶毓汾. 1984. 中国北方旱农地区水分生产潜力与开发. 北京:气象出版社. 58~75

田奇卓,亓新华,吕金岭等. 1990. 高产麦田氮磷钾肥最佳施用量的研究. 河南职技师院学报,(Z1):139~145

佟屏亚. 1993. 当代玉米科技进步. 北京:中国农业科学技术出版社. 56~68

佟屏亚. 1995. 我国玉米高产栽培技术的成就和研究进展. 耕作与栽培,(5):1~5

佟屏亚. 1996a. 玉米高产节水灌溉技术——玉米高产科技讲座(七). 中国农村科技,(7):9~10

佟屏亚. 1996b. 玉米高产施肥技术——玉米高产科技讲座(六). 中国农村科技,(6):9~10

佟屏亚. 1997. 我国玉米生产现状和发展策略,科技导报,11:22~25

王广兴. 1990. 玉米需水规律与灌溉技术:黄淮海玉米高产理论与技术. 北京:学术书刊出版社. 56~65

王广义. 1993. 玉米需水量与产量关系的研究进展. 当代玉米科技,2~17

王金陵. 1982. 大豆. 哈尔滨:黑龙江科学技术出版社

王树安. 1991. 吨粮田技术. 北京:农业出版社. 25~57

王天铎. 1961. 稻麦群体研究论文集. 上海:上海科学技术出版社

王忠孝,王庆成,牛玉贞等. 1989. 夏玉米高产规律的研究——Ⅱ. 氮、磷、钾养分的积累与分配. 山东农业科
　　学,(4):10~14

熊凡. 1980. 对丘陵旱地耕制改革的建议. 四川农业科技,(1):32~33

熊凡. 1985. 花生纳入旱地多熟种植制度初探. 耕作与栽培,(1):11~14

徐庆章,王庆成,牛玉贞. 1995. 玉米株型与群体光合作用的关系研究. 作物学报,5:492~4962

杨春峰. 1990. 关中灌区种植制度的系统发展论. 西北农林科技大学学报(自然科学版),(4):8~15

杨春峰,成升魁. 1986. 关中灌区间作套种的带型研究. 西北农业大学学报,2:32~38

杨守仁,张步龙,陈温福. 1996. 水稻超高产育种的理论与方法. 作物学报,3:295~304

殷宏章,王天锋,李有则等. 1959.水稻田的群体结构与光能利用.实验生物学报,3:195~213

余松烈. 1990.山东小麦.北京:农业出版社

张广恩,阚连春. 1981.应用^{32}P示踪法研究磷肥在土壤中的固定和移动.山东农业科学,(3):4~7

张广恩,阚连春. 1983.利用^{32}P示踪法研究提高磷肥利用率.核农学报,(1):48~54

张岁歧,山仑. 1991.节水灌溉的生理生态依据.山西农业科学,(2):34~37

张训忠,李伯航. 1987.高肥力条件下夏玉米大豆间混作互补与竞争效应研究.中国农业科学,2:34~42

张毅,顾慰连. 1992.低温对玉米光合作用超氧物歧化酶活性和籽粒产量的影响.作物学报,18(5):397~400

张智猛,郭景伦,李伯航等. 1994.不同肥料分配方式下高产夏玉米氮、磷、钾吸收、积累与分配的研究.玉米
　　科学,(4):50~55,82

赵延年,铁木尔. 1983.黄河后套新步伐——内蒙古巴彦淖尔盟农业总产值五年翻一番的调查.中国民族,
　　(12):25~27

《中国粮食安全发展战略与对策》编写组. 1990.中国粮食安全发展战略与对策.北京:农业出版社. 25~47

中国农业科学院土壤肥料研究所. 1994.中国肥料.上海:上海科学技术出版社. 66~95

朱丕荣. 1996."二战"后全球农业发展的战略回顾.科技导报,4:14~15

朱兆良. 1985.我国土壤供氮和化肥去向研究的进展.土壤,1:2~9

朱兆良,文启孝. 1992.中国土壤氮素.南京:江苏科学技术出版社. 65~74

朱兆良,张绍林,陈德立等. 1988.黄淮海地区石灰性稻田土壤上不同混施方法下氮肥的去向和增产效果.土
　　壤,(3):121~125

朱自玺,侯建新,牛现增等. 1987.夏玉米耗水量和耗水规律分析.华北农学报,2(3):52~60

邹超亚. 1990.中国高功能高效益种植技术研究进展.贵阳:贵州科技出版社. 75~86

邹超亚,陈颖. 1991.玉米大豆间作群体结构与生产力探讨.耕作与栽培,(6):1~5,21

玖村敦彦,石划龙一,武田友四郎. 1973.作物の光合成ろ物质生产.东京:养贤堂. 1~52

武田友四郎,县和一. 1966.收量界限与多收理论.日记记,34:275~280

Francis CA. 1986. 间套多熟制.王在德译.北京:北京农业大学出版社

Gardner FP, Pearce RB, Mitchell RL. 1993.作物生理学.于振文,王振林,崔德才译.北京:农业出版社

Mulraney DL,张军. 1985.不同耕作制度下玉米氮肥的施用技术.耕作与栽培,(4):64~65

Perning de vries FWT. 1979. 植物生长与作物生产的模拟.王馥堂,王石立,刘树泽等译.北京:科学出版社.
　　78~89

Andrew DJ，Kassam AH. 1976. The importance of multiple cropping in increasing world food supplies. *In*：
　　Paperdick . Multiple Cropping. Wisconsin：Wisconsin University Press

Bedford BD，Hoe RG. 1964. Principles of Inverter Circuits. New York：John Wiley & Sons. 246~247

Beets WC. 1977. Multiple cropping of maize and soybeans. Northland J Agric Sci. , 2:151~158

Bhatt JG，Rao MRK. 1981. Heterosis in growth and photosynthetic rate in hybrids of cotton. Euphytica，
　　(3):129~133

Brougham RW. 1965. Interception of light by the foliage of pure and mixed stands of pasture plants. Aust. J.
　　Agric Res，7:377~387

Crookston RK. 1976. Intercropping：a new version of an old idea. Crops and Soils，9：373~376

Donald CM. 1963. Competition among crop and pasture plants. Agron，15:11~18

Enyi BA. 1973. Effects of intercropping maize or sorghum with cowpeas, pigeon peas or beans. Exp Agric，
　　9：453~461

Evans LT. 1975. The physiological basis of crop yield. *In*：Evans LT. Crop Physiology. Cambridge：Cambridge Univ Press. 2~21

Fisher NM. 1980. A limited objective approach to the design of agronomic experiments with mixed crops. *In*:
　　Willey RW. Symposium on Intercropping. Kansas: Kansas Univ Press. 125~136

Gallaher RN. 1975. All out feed production by multiple cropping. Multiple cropping proceeding feeds and
　　feeding research. Bulletin Georgia Exp Sta. , 129~136

Gardner FP. 1985. Carbon Fixation by Crop Plant in Physiology of Crop Plant. Ames: the Iowa State Univer-
　　sity Press

Gause GF. 1934. The Struggle for Existence. Baltimore: Waverley Press

IBP. 1969. Index of national projects, section PM (productivity marine). IBP News,18:1~31

IRRI. 1975. IRRI Research Highlight. Philippnes :Los Banos. 21~23

Ivins JD. 1973. Photosynthesis under field condition. Phil. Trans. Boy. Soc. London, 267:81~91

Kasanaga H,Monsi M. 1954. On the light transmission of leaves. Jap. J Bot. , 14:304~324

Kira TH,Ogawa H. 1953. Crop yield and plant density. J Inst Polytech Osaka City Univ. , 4:1~16

Lafitte HR, Travis RL. 1984. Photosynthesis and assimilate portioning in closely related lines of rice exhibi-
　　ting different sink: source relationships. Crop Sci. , 3:447~452

Loomis RS,Williams WA. 1963. Maximum crop productivity: an estimate. Crop Sci, 3:69~72

Loomis RS, Williams WA. 1969. Productivity and the Morphology of Crop Stands: Patterns with Leaves.
　　Lincoln:University of Nebraska. 27~47

Loomis RS,Williams WA, Duncan WG. 1967. *In*: Pietro AS. Harvesting the Sun. New York: Academic
　　Press. 291~308

Mason TG,Maskell EJ. 1928. Studies on flow transport in the cotton plant. Proc Boy Soc London, 102:467~487

Mckibben GE. 1970. Double Cropping. In Proceedings National Conference on No-tillage Crop Production.
　　Lexington: Kentucky Univ Press

Mead R, Willey RW. 1980. The concept of a "Land Equivalent Ratio" and advantage in yields from intercrop-
　　ping. Exp Agri,16:217~228

Monsi M,Seaki T. 1953. Uber der lichtfaktor in den pflanzenpesell-schaffen und sceine segments along a
　　transect, Agron J, 63:735~738

Monteinth JL. 1965. Light distribution and photosynthesis in field crops. Ann Bot NS, 29:17~37

Rao MR. 1962. Investigation on the type of cotton suitable for mixed cropping in the northern Indian. Field
　　Crop Abstract, 15:777~783

Shimshi D, Kafkafi UT. 1978. he Effect of supplemental irrigation and nitrogen fertilisation on wheat (*Triticum
　　aestivum*L.). Irrigation Science, (8):27~38

Singh RA, Singh HB. 1981. Effect of row orientation and plant density on yield and quality of rainfed barley.
　　Plant and Soil,(2):167~172

Thorne G. 1974. Nematodes of the Great Northern Plains. Part II,Agricultural Experimental Station,South
　　Dakota State University,Technical Bulletin,41:1~120

Thorne GN. 1963. Variety differences in photosynthesis of ears and leaves of barley. Ann Bot, 27:155

Trenbath BR. 1974. Biomass productivity of mixtures. Adv Agron,26:177~210

Trenbath BR, Angns J F. 1975. Leaf inclination and crop production. Field Crop,28:31~44

Vandermeer JH. 1989. The Ecology of Intercropping. New York:Cambridge University Press

第二章 多熟超高产模式试验设计与研究方法

随着人口越来越多，粮食需求也越来越多，耕地资源绝对量越来越少，对耕地的压力将越来越大。努力提高单位耕地面积作物产量将是缓解人口、粮食、耕地三者矛盾的主要途径。在大面积吨粮田出现后，如何通过集约化栽培与集约化种植相结合、突破亩产吨粮的格局、达到超高产是黄淮海平原农区面临的新课题。因此，从时间、空间、土地等多维角度充分利用当地自然与社会经济资源，挖掘土地生产潜力，提高光能利用率与水肥利用率是亟待研究的课题。本章以河南省扶沟县高河套实验站和中国科学院封丘农业生态实验站为研究基地，通过大田试验研究，探讨了豫东黄泛平原区的扶沟县和豫北平原区的封丘县自然社会经济技术条件下多熟超高产种植模式与技术。

第一节 研究区域背景

一、河南省扶沟县研究基地基本情况

河南省扶沟县地处豫东平原，黄泛区腹地，隶属于周口市，属暖温带季风气候，四季分明，光照充足，光热水资源丰富。多年平均气温14.3℃，年降水量696.5mm，年日照时数2278.2h（表2-1），≥10℃积温4692.6℃，年辐射总量5091.2MJ/m^2，年有效辐射总量2491.2MJ/m^2，无霜期215天，从光、温、生长期来看，能满足一年二熟需求并略有盈余。多年及试验年份气候资源状况平均值详见表2-1。该地区地势平坦，土壤为沙性二合土，地下水资源丰富，灌溉条件优越，全县耕地面积113万亩，人均耕地1.68亩，当地农技人员多，农民技术素质高，素有精耕细作传统，间套多熟种植是该县农业的特色。试验在河南省

表 2-1 河南省扶沟县气候资源状况

	项目	1月	2月	3月	4月	5月	6月	7月	8月	9月	10月	11月	12月	全年
多年平均值	日照时数/h	151.8	140.4	174.1	202.5	234.9	239.5	213.0	226.5	186.2	188.8	163.4	157.1	2278.2
	平均气温/℃	0.2	2.3	8.1	14.9	20.9	25.8	27.0	26.0	20.8	15.2	8.3	2.1	14.3
	平均降水量/mm	12.0	15.0	27.6	48.7	65.8	62.6	166.3	129.6	82.5	49.5	26.1	10.8	696.5

续表

项目		1月	2月	3月	4月	5月	6月	7月	8月	9月	10月	11月	12月	全年
试验年份平均值	日照时数/h	48.0	5.0	198.0	186.4	234.8	23.5	165.1	112.7	145.1	192.5	101.5	99.1	1761.9
	平均气温/℃	1.0	3.5	8.6	14.2	20.9	25.8	26.9	25.6	20.2	14.5	9.3	3.0	14.4
	平均降水量/mm	0.0	7.1	26.3	31.6	8.9	78.7	310.5	226.0	40.9	35.6	42.6	32.9	841.1

扶沟县高河套试验站进行，灌排条件良好，土壤有机质含量为 1.05g/kg、全氮量 0.066g/kg、速效磷 18.5mg/kg、速效钾 116mg/kg。

二、河南省封丘县研究基地基本情况

河南省封丘县地处豫北平原，隶属于新乡市，属暖温带半湿润季风气候，光热资源丰富，气候温和。年平均气温 13.9℃，≥0℃积温 5100℃以上，年降水量 558.1mm，年日照时数 2238.7h，日照率为 55%，年辐射总量 5091.2MJ/m²，年有效辐射总量 2491.2MJ/m²，无霜期 220 天，从光、温、生长期来看，能满足一年二熟需求。多年及试验年份气候资源状况平均值详见表 2-2。该地区土壤为黄河沉积物上发育的黄潮土，地势平坦，土层深厚。但在发展农业生产中也存在一些不利因素，表现为土壤瘠薄，属中低肥力水平，施肥水平低，耕作管理粗放。由于受季风气候影响，季节性干旱经常发生，加之近年来黄河断流，地下水位连续下降，这些因素严重影响农业生产的发展。试验在河南省封丘县中国科学院封丘农业生态实验站进行，站内地势平坦，灌排条件良好，试验地土壤为轻壤

表2-2　河南省封丘县气候资源状况

项目		1月	2月	3月	4月	5月	6月	7月	8月	9月	10月	11月	12月	全年
多年平均值	日照时数/h	153.5	146.1	168.9	195.9	228.4	233.3	227.4	223.3	176.0	173.4	154.8	157.7	2238.7
	平均气温/℃	−0.5	2.6	8.2	15.1	20.5	25.2	26.6	25.6	20.2	14.4	7.3	1.2	13.9
	平均降水量/mm	5.3	7.2	21.6	41.1	53.2	64.6	116.4	89.3	81.1	50.4	23.4	4.8	558.1
试验年份平均值	日照时数/h	160.6	166.6	174.8	189.3	229.9	252.8	221.7	239.0	226.7	208.4	133.8	134.0	2337.4
	平均气温/℃	−0.2	4.7	9.6	16.1	20.7	261	27.9	27.0	22.0	16.8	8.1	2.5	15.1
	平均降水量/mm	2.1	10.5	34.6	25.7	78.1	24.7	112.1	166.8	27.3	2.5	14.1	1.4	498.3

质黄潮土（两合土），土壤有机质含量为 8.46g/kg、全氮量 0.584g/kg、全磷量 0.582g/kg、全钾量 19.6g/kg、水解氮 44.3mg/kg、速效磷 10.3mg/kg。

第二节　多熟超高产模式试验设计

为了探索粮田高产再高产的间套作种植模式，河南省劳动模范、高级农艺师高喜自 1991 年始，进行了冬小麦//春玉米/夏玉米//秋玉米超高产模式的试验探索。经过实践—理论—再实践的反复过程，大胆探索，从失败中吸取教训，在实践中积累经验，逐步完善。先后进行了种植带型、播种与栽植方法、配套技术等方面的探索。①在带型方面，先后进行了窄带型（2.0m 带，2.5m 带）、中带型（3.0m 带）、宽带型（3.5m 带）的筛选，初步探索结果表明：带型过窄，则四茬作物之间的时空关系难以协调，突出表现在秋玉米生长差，产量低且不稳定；带型过宽，虽秋玉米产量状况得以改善，但各茬玉米的种植密度却又难以保证，株距过小，种内竞争加剧，整体上并未改进；中带型则在作物之间的时空关系方面比较协调，密度也较易保证，整体上表现最佳。因此，在一麦三玉米模式的研究中选用 3.0m 带型。②在播种与栽植方法上，先后进行了直播、育苗移栽等方法的探索，结果表明若春玉米、夏玉米、秋玉米均实行直播，则秋玉米不能成熟，且春玉米与夏玉米共生期过长。而春玉米、夏玉米、秋玉米均实行营养钵育苗移栽，则能基本满足三茬玉米正常成熟。③在配套技术上，采用春玉米地膜覆盖栽培，以提高早春地温，促进春玉米生长发育。笔者于 1994 年起与高级农艺师高喜对原有模式进行了改进，参加了部分研究工作，1995～1996 年在河南省扶沟县、1996～1998 年在河南省封丘县进行了从试验设计到研究的全部工作。

一、河南省扶沟县多熟超高产种植模式

试验按种植模式不同，设置了三个处理：①冬小麦//春玉米/夏玉米//秋玉米模式（以下简称一麦三玉米）；②冬小麦//春玉米/夏玉米模式（以下简称一麦二玉米）；③冬小麦—夏玉米接茬平作模式（以下简称一麦一玉米）。

1. 一麦三玉米模式

采用 3.0m 带型。1994～1995 年度的处理为：秋种时每带播种 9 行小麦，小麦行距 20cm，留空带 1.4m 于翌年 4 月上旬移栽 2 行春玉米，行距 60cm，小麦与春玉米间距 50cm；6 月初小麦收获后，接其茬移栽 2 行夏玉米，行距 60cm，春夏玉米间距 90cm；7 月中旬春玉米收获后，接茬移栽 2 行秋玉米，行距 60cm，夏秋玉米间距 90cm。小麦品种为'豫麦 21'，春玉米、夏玉米、秋玉米品种均为'掖单 13'，夏播生育期 113 天，三季玉米密度均为 4500 株/亩。

1995～1996 年度试验在原来基础上进行了调整，即秋种时每带播种 6 行小麦，留空带于翌年 4 月上旬移栽 3 行春玉米，行距 50cm，小麦春玉米间距 50cm；小麦收获后，接小麦茬移栽 3 行夏玉米，行距 40cm，春夏玉米间距 60cm；春玉米收获后，接茬移栽 3 行秋玉米，行距 50cm，与夏玉米间距 60cm。小麦品种仍为'豫麦 21'，春玉米、秋玉米品种则为'鲁原单 14'，夏播生育期 90 天左右，夏玉米品种为'掖单 12'，夏播生育期 105 天左右。春玉米、夏玉米密度均为 4500 株/亩，秋玉米密度为 3300 株/亩。1996 年一麦三玉米田间种植模式结构图见图 2-1。

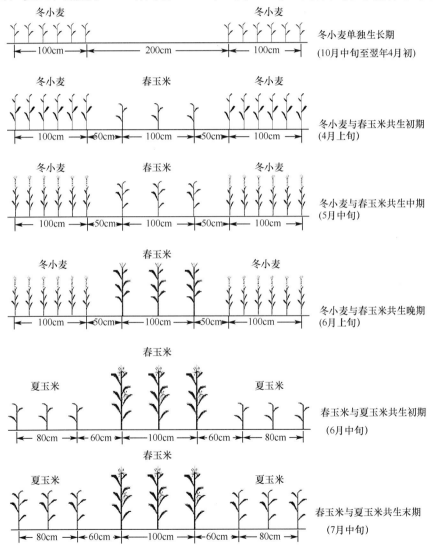

图 2-1　河南省扶沟县一麦三玉米种植模式结构图

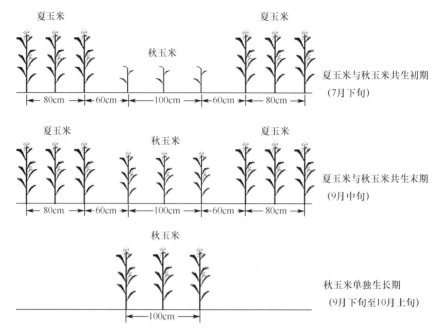

图 2-1　河南省扶沟县一麦三玉米种植模式结构图（续）

2. 一麦二玉米模式

采用 2.5m 带型，秋种时播种 6 行小麦，留空带于翌年 4 月上旬移栽 2 行春玉米，行距 50cm，与小麦间距 50cm；当小麦收获后，接茬移栽 3 行夏玉米，行距 40cm，与春玉米间距 60cm。小麦品种为'豫麦 21'，1994～1995 年度春玉米、夏玉米品种均为'掖单 13'，1995～1996 年度春玉米品种为'鲁原单 14'，夏玉米品种为'掖单 12'，春玉米、夏玉米密度一致，均为 4500 株/亩。

3. 一麦一玉米模式

小麦为满幅播种，行距 20cm；麦收后接茬播种夏玉米，行距 60cm，密度为 4500 株/亩。小麦品种为'豫麦 21'，第一年度夏玉米品种为'掖单 13'，第二年度为'掖单 12'。

三种种植模式均实行大区试验，顺序排列种植，试验地长度 40m，每种种植模式试验面积均在 2 亩以上。试验期间一麦三玉米、一麦二玉米种植模式各茬玉米的营养钵播种期、移栽期、移栽时的苗龄、收获期见表 2-3。春玉米实行地膜覆盖栽培，夏玉米、秋玉米均为露地栽培。

为进一步揭示一麦三玉米间套作种植模式的生产潜力、探索超高产的配套措施，还增设了两个辅助试验。

表 2-3　多熟模式的各茬玉米基本情况

作物	营养钵播种期(月/日)	营养钵移栽期(月/日)	移栽时苗龄	收获期(月/日)
春玉米	3/9～3/15	4/2～4/10	3叶1心	7/15～7/18
夏玉米	5/25～5/28	6/12～6/14	4叶1心	9/15～9/17
秋玉米	6/28～7/1	7/16～7/18	3叶1心	10/10～10/20

4. 不同田间配置方式试验

本试验的带型、作物品种、密度、栽播期、收获期均与一麦三玉米模式主处理相同，只是田间配置有所区别，即在保持春玉米密度 4500 株/亩的前提下，设置 2 个处理，其一为于空带内栽植 4 行春玉米，玉米行距 40cm，与小麦间距 25cm；其二为于空带内栽植 4 行春玉米，玉米行距 30cm，与小麦间距 35cm，以探索小麦与春玉米之间的种间关系及春玉米的种内竞争关系。

5. 一麦三玉米间套作种植全程密度试验

在一麦三玉米模式的前提下，设置了春玉米、夏玉米、秋玉米全程密度试验。除密度因素变化外，其他措施均与 1996 年设置的一麦三玉米模式主试验处理相同。试验处理：①M1：春玉米、夏玉米、秋玉米栽植密度均为 6600 株/亩，全年玉米总密度为 19 800 株/亩；②M2：春玉米、夏玉米、秋玉米栽植密度均为 4500 株/亩，全年玉米总密度为 13 500 株/亩；③M3：春玉米、夏玉米、秋玉米栽植密度均为 3300 株/亩，全年玉米总密度为 9900 株/亩。

二、河南省封丘县多熟超高产种植模式

试验在中国科学院封丘农业生态实验站进行，试验按栽培模式不同，设置了三个处理：①冬小麦//春玉米/夏玉米//秋玉米模式；②冬小麦//春玉米/夏玉米模式；③冬小麦—夏玉米接茬平作模式。

1. 一麦三玉米模式

1996～1997 年度采用 3.0m 带型。即秋种时每带播种 6 行小麦，留空带于翌年 4 月 10 日播种 3 行春玉米，行距 50cm，小麦春玉米间距 50cm；小麦收获后，接小麦茬播种 3 行夏玉米，行距 40cm，春夏玉米间距 60cm；春玉米收获后，接茬播种 3 行秋玉米，行距 50cm，与夏玉米间距 60cm。1997～1998 年度除继续进行与上年带型相同的试验外，还增加了 4.0m 带型试验，即秋种时每带播种 12 行小麦，留空带于翌年 3 月 20 日播种 4 行春玉米，行距 40cm，小麦春玉米间距

30cm；小麦收获后，接小麦茬播种 4 行夏玉米，行距 50cm，春夏玉米间距65cm；春玉米收获后，接茬播种 3 行秋玉米，行距 60cm，与夏玉米间距 65cm。小麦品种为'豫麦 18'（1998 年为'温麦 6 号'），春玉米、秋玉米为早熟品种'鲁原单 14'，夏玉米品种为中熟品种'掖单 19'。1996～1997 年度春玉米、夏玉米、秋玉米密度均为 3300 株/亩。1997～1998 年度一麦三玉米田间种植模式结构图见图 2-2。

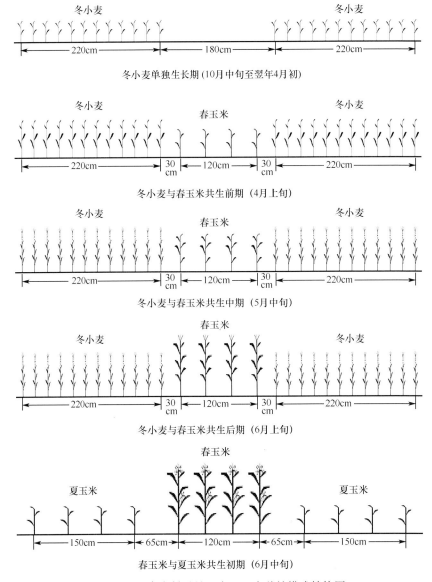

图 2-2　河南省封丘县一麦三玉米种植模式结构图

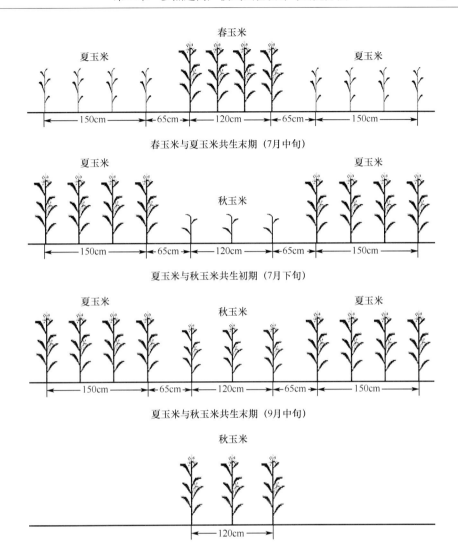

春玉米与夏玉米共生末期（7月中旬）

夏玉米与秋玉米共生初期（7月下旬）

夏玉米与秋玉米共生末期（9月中旬）

秋玉米单独生长期（9月下旬至10月上旬）

图 2-2　河南省封丘县一麦三玉米种植模式结构图（续）

2. 一麦二玉米模式

采用 3.0m 带型，秋种时播种 6 行小麦，留空带于翌年 4 月上旬播种 3 行春玉米，行距 50cm，与小麦间距 50cm；小麦收获后，接茬播种 3 行夏玉米，行距 40cm，与春玉米间距 60cm。小麦品种为'豫麦 21'（1998 年为'温麦 6 号'），春玉米品种为'鲁原单 14'，夏玉米品种为'掖单 19'。春玉米、夏玉米密度一致，1996～1997 年度均为 4500 株/亩，1997～1998 年度均为 3300 株/亩。

3. 一麦一玉米模式

小麦为满幅播种，行距 20cm；麦收后接茬播种夏玉米，行距 60cm，密度为 4500 株/亩。小麦品种为'豫麦 21'（1998 年为'温麦 6 号'），夏玉米品种为'掖单 19'。

三种种植模式均实行大区试验，顺序排列种植，试验期间一麦三玉米、一麦二玉米种植模式的春玉米实行地膜覆盖栽培，夏玉米、秋玉米均为露地栽培。

三、河南省扶沟县小麦//短季棉//中熟棉多熟超高产模式

试验在河南省扶沟县高河套试验站进行。土质为二合土，肥力中上等，麦棉实行高低畦种植，小麦种在低畦，棉花种在高畦。试验处理如下。

(1) 3∶2 式

带宽为 1.3m，空地 90cm，春季栽植 2 行中熟棉，棉花小行距 40cm，密度为 53 000 株/hm²。

(2) 3∶2∶3∶2 式

基本同 3∶2 式，所不同的是将两个 3∶2 式带视为一带，以 2 行短季棉置换其中的 2 行中熟棉。即形成带宽 2.6m，小麦∶中熟棉∶小麦∶短季棉行比为 3∶2∶3∶2，麦收后成为中熟棉∶短季棉行比为 2∶2 的间作。中熟棉密度为 35 100 株/hm²，短季棉为 34 100 株/hm²，棉花总密度为 69 200 株/hm²。

(3) 6∶2∶2 式

带宽 2m，种 6 行小麦，空地 1m，春季栽 2 行中熟棉，麦收后在小麦畦上栽 2 行短季棉，夏秋季成为中熟棉∶短季棉行比为 2∶2 的间作。中熟棉密度为 45 000 株/hm²，短季棉为 33 000 株/hm²，棉花总密度为 78 000 株/hm²。

第三节　超高产模式下的水肥运筹试验设计

一、多熟超高产模式肥料调控试验

以一麦三玉米模式为研究对象，探索既能取得高产，又能提高水肥利用率的水分、养分运筹措施。两年度的栽培模式与同期大田一麦三玉米模式设计相同。试验分 8 个处理，分别为：①H（高量施肥）；②M（中量施肥）；③L（低量施肥）；④VL（很低量施肥）；⑤h（高量施肥）；⑥m（中量施肥）；⑦l（低量施肥）；⑧vl（很低量施肥），重复 3 次，每个小区面积为 40m²，小区四周埋设了水泥预制板用以防止水肥横向侧渗。其中，多次施肥法分别为：H、M、L、VL；两次施肥法分别为：h、m、l、vl。以冬小麦—夏玉米平作无肥处理为对

照。肥料施用量见表 2-4。施肥水平以氮素梯度差异为主处理，以氮定磷，氮∶P_2O_5 为 1∶0.42。肥料为尿素和磷酸二铵。其中 H 与 h、M 与 m、L 与 l、VL 与 vl 处理施肥总量分别相同，但肥料运筹方法不同。春玉米、夏玉米、秋玉米的肥料运筹方法是：两次施肥法为施底肥和追一次肥，即按计划施尿素量的 1/4 作底肥、3/4 作追肥于拔节肥共计两次施入；多次施肥法为施底肥和分多次追肥，即按计划施尿素量的 1/4、1/3、1/3、1/10 分别作底肥、拔节肥、孕穗肥、灌浆肥分次施入。冬小麦均为两次施肥，即施底肥和返青肥，其中施底肥一致，而返青追肥量不同。磷酸二铵作为每茬作物的底肥一次性施入。底肥随播前翻地埋入耕层，追肥一般为于作物行间开沟撒施后覆土，之后浇水。

表 2-4　不同处理施肥量　　　　　　　（单位：kg/亩）

处理	小　麦		春玉米		夏玉米		秋玉米		全　年	
	尿素	磷铵	尿素	磷铵	尿素	磷铵	尿素	磷铵	尿素	磷铵
H	30	10	49	27.5	39	22.5	32	22.5	150	82.5
M	25	10	33	17.5	27	15.5	20	13.5	105	56.5
L	20	10	22	13.5	20	12.5	14	10.5	76	46.5
VL	15	10	10	7.0	10	6.0	10	7.0	45	30.0
h	30	10	49	27.5	39	22.5	32	22.5	150	82.5
m	25	10	33	17.5	27	15.5	20	13.5	105	56.5
l	20	10	22	13.5	20	12.5	14	10.5	76	46.5
vl	15	10	10	7.0	10	6.0	10	7.0	45	30.0

二、小麦、春玉米、夏玉米水分调控试验研究

冬小麦、夏玉米水分调控试验在中国科学院封丘农业生态实验站的有底铁皮桶（Lysimeter）中进行，桶直径 53cm、高 80cm，桶底有一小洞供收集渗漏水用。桶内装土高 70cm，其中耕作层 20cm，其余为当地底土填装，最底层 2cm 为砂子。试验设水、肥两个因素。水分调控设 6 个水平，播种时，各桶土壤水分为田间持水量的 85%，追肥前不灌水，小麦各处理灌溉水量分别按同期水面蒸发量的 0、0.2 倍、0.4 倍、0.7 倍、1.0 倍、1.3 倍来灌溉，它们实际的灌水量分别为 37.0 mm、105.0 mm、172.0 mm、273.0 mm、374.0 mm、475.0mm。氮肥设 5 个水平，分别以 0kg N/亩、7.5kg N/亩、15.0kg N/亩、22.5kg N/亩、30.0kg N/亩来计。氮肥 60% 作基肥，40% 在返青期作追肥施入。各桶磷（以 KH_2PO_4 施入）肥、钾（以 KCl 施入）肥用量相同，均作基肥施，按 7.5kg/亩 P_2O_5 和 K_2O 来计。试验共有 30（6×5）个处理。试验区有移动防雨棚以防雨水进入。试验期间定期测量各桶质量以及渗漏水量。

夏玉米水分调控试验处理为：在玉米 5 叶期后各处理分别按同期水面蒸发量的 0、0.2 倍、0.4 倍、0.7 倍、1.0 倍、1.3 倍来灌溉，它们实际的总灌溉量分

别为109 mm、197 mm、279 mm、379 mm、494 mm、632mm。氮肥设 5 个水平，与冬小麦相同，氮肥 40％作基肥，60％在喇叭口期施入。各桶磷（以 CaH-PO$_4$ 施入）肥、钾（以 K$_2$SO$_4$ 施入）肥用量统一，均作基肥施，施用量与冬小麦相同。

　　春玉米水分调控试验在有水泥板隔离层的试验田进行。即早春在春玉米播种行挖坑，埋入直径 60cm、高 80cm 的有底白铁皮桶，桶内装土高 70cm，其中耕作层 20cm，其余为当地底土填装。每个桶插 2 个张力计，分别位于 25cm 和 50cm 土层，每隔 2 天记录一次，作为灌溉指示。作物播种前和收获后分别测定各层土壤含水量。

第四节　研　究　方　法

　　对各多熟模式均进行了周年系统测定，测试周期因作物生育阶段而略有侧重，冬小麦单独生长阶段每隔 30 天测定一次，生长旺盛的 4～10 月每隔 10～15 天测定一次。各作物生殖生长阶段每隔 5 天或 10 天测定籽粒形成与灌浆动态，详细记载各作物的生长与发育时期及作物株高动态、田间结构状况。

一、作物生长发育的状况调查与测定

　　粮田多熟模式：定期调查各作物不同生长发育阶段的分蘖、叶龄、株高状况；作物叶面积用长宽积法计算；作物的 LAI 是指复合群体某作物的群体叶面积与整个复合群体占地面积之比，而某阶段复合群体 LAI 则是此期两共生作物LAI 之和；生物干重用烘干法测定。

　　棉田多熟模式：棉花叶面积以打孔称重法求得。关键生长期田间调查蕾铃发育动态。于晴天 12：00 分别测定冠层上、中、下层的光照度，与即时自然光照度相比较，得出透光率。每层光照度均以带内棉花大、小行间各点加权平均而得。

二、作物产量与产量构成因素测定

　　小麦、玉米成熟后选取有代表性的样方收获，之后进行考种，测定产量构成因素。成熟时全田收获，然后单独脱粒、晒干，称重计产。棉花成熟后单收计产，取样脱绒求衣分率，计算皮棉产量。

三、作物群体结构测定

　　在作物生长发育盛期采用大田切片法进行测定。自上而下每间隔 20cm 进行植株分层切割。同期在田间测定叶角、披垂度等。

四、田间作物群体光照状况测定

1. 光照度

采用棍式照度计垂向每 20cm 或 40cm 分层，于不同时刻测定群体上下各层光照度，同时测定自然光照度，计算透光率 I/I_0，结合大田切片法，求计消光系数 K。

2. 照光 LAI

采用自制的照光叶面积棒测定各层照光面积率，于中午 12：00 进行，结合大田切片，求计照光 LAI。

3. 低位作物日直射时间

于作物共生期测定低位作物冠层顶部上午见光起始时间与下午见光结束时间，参照董宏儒和邓振镛（1981）提出的可照时间公式进行计算。

五、作物光合生理指标的测定

采用 CI-30IPS 光合作用测定仪测定有效光合辐射（PAR）、作物净光合速率（Pn）、蒸腾速率（Tr）、气孔导度（Gs）以及细胞间隙 CO_2 浓度（Ci）。

六、植株与土壤养分含量分析

每季作物收获以后取植株样品。每年最后一季作物收获后取耕层土壤样品进行室内分析。土壤氮用凯氏法测定，磷用三酸消化-矾黄比色法测定，钾用三酸消化-火焰光度法测定，水解氮用碱解蒸馏法测定，土壤有机质用重铬酸钾容量法测定。植物样品用硫酸-双氧水消煮后再进行各项分析。

参 考 文 献

白厚义,肖俊璋. 1998. 试验研究及统计分析. 西安:世界图书出版社

鲍士旦. 2002. 土壤农化分析. 第 3 版. 北京:中国农业出版社. 263～270

董宏儒,邓振镛. 1981. 带田光能分布特征的研究. 中国农业科学,(1):69～79

鲁如坤. 1999. 土壤农业化学分析方法. 北京:中国农业科学技术出版社. 166～187

孟兆江,刘安能,吴海卿. 1997. 商丘试验区夏玉米节水高产水肥耦合数学模型与优化方案. 灌溉排水,16 (4):18～22

王立秋,曹敬山,靳占忠. 1997. 春小麦产量及其品质的水肥效应研究. 干旱地区农业研究,15(1):58～63

王兴仁,张福锁. 1995. 现代肥料试验设计. 北京:中国农业出版社

袁志发,周静芋. 2000. 试验设计与分析. 北京:高等教育出版社

第三章　多熟超高产模式产量与资源利用效率

产量的高低是衡量不同多熟模式优劣的主要标准之一，它为模式设计、种植技术、栽培措施的选择等提供最终效果和评判依据。同时，能否更集约高效地利用当地光、温及时间等因素，也是评价一种种植模式的关键指标。多熟超高产模式正是从提高产量角度出发，通过各茬作物的衔接组合，力求使耕地周年单产能更上一个新台阶，不断挖掘多熟高产的潜力，使其对资源的利用更为集约高效。以下主要对一麦三玉米、一麦二玉米、一麦二棉花多熟种植模式从产量、物质生产特征、效益以及资源利用诸方面进行分析。

第一节　多熟超高产模式产量结果

一、河南省扶沟县粮田多熟超高产种植模式产量结果分析

1. 不同多熟模式的总体产量比较

以当地典型种植模式一麦一玉米（冬小麦与夏玉米平作两熟）为基本对照，以目前生产上出现的一麦二玉米模式（冬小麦//春玉米/夏玉米）为参照，对不同多熟模式的周年耕地单产进行比较分析（表 3-1），可以得出如下结论。

1）两年平均，一麦一玉米、一麦二玉米、一麦三玉米亩产量分别达 1012kg、1175kg、1359kg。一麦一玉米达到吨粮，一麦二玉米、一麦三玉米亩产均超过吨粮，表明在当前生产条件下，豫东平原采用一麦二玉米、一麦三玉米模式是实现超高产的有效途径。

2）三种多熟模式的产量梯度差异结果表明，在一麦一玉米亩产吨粮的基础上，进一步提高复种程度是挖掘高产潜力及单位面积土地生产力的重要手段。1996 年一麦三玉米模式最高产量达 1467kg/亩，接近"吨半粮"，反映出在当地资源条件及生产、技术水平下，这种集约多熟种植模式是实现超高产的可能途径之一。

3）从产量结果来看，一麦三玉米模式两年间差异较大。1995 年一麦三玉米模式由于春玉米移栽期偏早，移栽后遇"倒春寒"（1995 年 4 月 3 日晚气温骤降至 -4.3℃），春玉米受冻害，冻死率达 30%。之后补苗，造成成熟度不一，空秆率大；三茬玉米矛盾大，春玉米、秋玉米产量低，因而年总产量较低。1996 年通过复合群体结构的调整，协调了三茬玉米之间的矛盾，春玉米、秋玉米产量

得以提高，因而全年增产幅度较大。由此可见，一麦三玉米模式增产潜力大，但该模式共生作物在时间、空间上矛盾较多，对调控技术水平要求较高，协调作物之间的矛盾是挖掘其增产潜力的关键。

2. 不同多熟模式组分产量比较

进一步分析一麦一玉米、一麦二玉米及一麦三玉米多熟模式中各组成作物组分产量的比较结果（表3-1）可以看出：①增加种植茬数之后，作物单产受到影响。两年平均，一麦二玉米与一麦三玉米模式的小麦单产分别比一麦一玉米的小麦单产降低18.13%和16.67%，减产幅度明显；夏玉米单产比一麦一玉米模式分别降低22.73%和30.10%。其主要原因是由于小麦、夏玉米实播面积降低，边际效应的增产效果难以弥补播种面积减少带来的产量损失。②从全年产量看，虽然小麦、夏玉米单产降低，但由于增加作物组分的增产幅度大于实播面积减少导致的减产幅度，因此总体产量优势仍很明显。两年平均，一麦二玉米比一麦一玉米净增产162.5kg/亩，增幅达16.06%；一麦三玉米比一麦一玉米净增产347kg/亩，增幅达35.29%，可见，增加种植茬数的增产效果极为显著。

表3-1　河南省扶沟县不同多熟模式作物产量结果　（单位：kg/亩）

年份	处　理	冬小麦	春玉米	夏玉米	秋玉米	全年
1995	冬小麦-夏玉米	485.0		569.0		1054.0
	冬小麦//春玉米/夏玉米	389.0	300.0	465.0		1154.0
	冬小麦//春玉米/夏玉米/秋玉米	415.0	290.0	398.0	148.0	1251.0
1996	冬小麦-夏玉米	403.0		566.0		969.0
	冬小麦//春玉米/夏玉米	338.0	445.0	412.0		1195.0
	冬小麦//春玉米/夏玉米//秋玉米	325.0	490.0	396.0	256.0	1467.0
两年平均	冬小麦-夏玉米	444.0		568.0		1012.0
	冬小麦//春玉米/夏玉米	363.5	372.5	438.5		1174.5
	冬小麦//春玉米/夏玉米//秋玉米	370.0	390.0	397.0	202.0	1359.0

3. 不同多熟模式产量构成因素比较

从各模式各季作物的产量构成因素比较可以看出（表3-2）：①由于增加种植茬数，一麦二玉米、一麦三玉米的冬小麦与夏玉米的实播面积下降，其亩穗数明显减少。两年平均，一麦二玉米的小麦亩穗数比一麦一玉米的少5.3万穗，降低16.91%，夏玉米亩穗数少318穗，降低7.69%；一麦三玉米的小麦与夏玉米的亩穗数比一麦一玉米降低幅度更大，分别为19.94%和15.11%。②但从全年农田总亩穗数来看，总的亩穗数随复种程度的提高其绝对量增加。两年平均，一麦二玉米和一麦三玉米模式分别比一麦一玉米模式增加玉米3287穗和6033穗，这也是其优势所在及获得高产的关键因素。③一麦二玉米、一麦三玉米的单株生产能力较一麦一玉米的低。从穗粒重（穗粒数×千粒重/1000）比较来看，两年平均，一麦一玉米的小麦比一麦二玉米、一麦三玉米的小麦穗粒重分别高 4.5% 和 1.0%，而玉米差异则更为明显。与一麦一玉米模式相比，一麦二玉米模式比一麦三玉米模式的夏玉米穗粒重分别降低 16.6% 和 17.4%，春玉米降低 27.4% 和 28.7%，秋玉米降低 51.9%，即结实灌浆功能有所下降。

表 3-2　河南省扶沟县不同多熟模式作物组分产量结构状况

年份	作物	一麦一玉米				一麦二玉米				一麦三玉米			
		亩穗数/穗	穗粒数/个	千粒重/g	理论产量/(kg/亩)	亩穗数/穗	穗粒数/个	千粒重/g	理论产量/(kg/亩)	亩穗数/穗	穗粒数/个	千粒重/g	理论产量/(kg/亩)
1995	小麦	303 000	39.0	48.0	567.2	249 000	44.8	38.6	430.0	246 000	45.5	39.8	445.0
	春玉米					3399	396.0	262.0	353.0	3314	385.0	252.0	322.0
	夏玉米	3886	564.0	305.5	670.0	3500	519.4	284.9	518.0	3208	515.1	283.2	468.0
	秋玉米									2880	296.9	210.8	180.0
1996	小麦	324 000	32.5	45.0	474.0	272 000	39.3	37.2	398.0	256 000	39.9	37.4	382.0
	春玉米					3810	461.0	295.0	518.0	4218	456.2	303.4	584.0
	夏玉米	4369	509	310.3	690.0	4120	436.0	292.0	524.0	3800	445.0	285.0	482.0
	秋玉米									2900	432.0	240.0	301.0

综合来看，通过增加种植茬数，组分产量及其产量构成因素的各项指标有所下降，但利用增加组分所得的产量足以弥补这种损失并获得较高的总产量，体现出多熟复合种植能从整体上获取高产的优势。

从 1995 年与 1996 年一麦三玉米模式的产量构成因素来看，两年间产量差异主要表现在亩穗数上。虽然两年间三茬玉米栽植密度基本相同，但亩成穗数差异却较大。1996 年三茬玉米总成穗数达 10 918 个，比 1995 年的 9402 个多 1516 个，其原因主要是通过复合群体结构的合理布局与调整，在一定程度上协调了三茬玉米群体与群体之间、群体与个体之间的矛盾，降低了空秆率，提高了单株生产力。

二、河南省封丘县粮田多熟超高产种植模式产量结果分析

1. 不同多熟模式的总体产量比较

以当地典型种植模式一麦一玉米为基本对照，对不同模式的周年耕地单产进行比较分析（表 3-3），可以看出：①两年平均，一麦一玉米、一麦二玉米、一麦三玉米亩产量分别达 911.1kg、1126.8kg、1223.0kg。一麦一玉米模式产量未达到吨粮，一麦二玉米、一麦三玉米模式亩产量均超过吨粮，表明在封丘的自然社会经济生产条件下，采用一麦二玉米、一麦三玉米多熟模式是突破吨粮、实现

超高产的有效途径。②从产量结果来看，秋玉米产量较低，两年平均秋玉米亩产仅为 115.7kg，比扶沟县的秋玉米亩产量低 86.3kg，反映出三茬玉米之间的矛盾比扶沟县的更大。秋玉米灌浆后期低温、高湿、易感小叶斑病，生态适应性较差。从目前来看，虽然一麦三玉米模式增产潜力大，但该模式共生作物在时间、空间上矛盾较多，对调控技术水平要求较高。相比较而言，一麦二玉米模式复合群体作物之间矛盾较小，对调控技术水平要求不如一麦三玉米高，稳产性较好。

表 3-3 河南省封丘县不同多熟模式作物产量结果 （单位：kg/亩）

年份	处 理	冬小麦	春玉米	夏玉米	秋玉米	全年
1997	冬小麦-夏玉米	430.0		477.3		907.3
	冬小麦//春玉米/夏玉米	310.0	445.0	350.0		1105.0
	冬小麦//春玉米/夏玉米//秋玉米	310.0	430.0	334.0	128.0	1202.0
1998	冬小麦-夏玉米	446.6		468.2		914.8
	冬小麦//春玉米/夏玉米	337.7	390.6	420.3		1148.6
	冬小麦//春玉米/夏玉米//秋玉米	326.1	382.1	432.2	103.4	1243.8
两年平均	冬小麦-夏玉米	438.3		472.8		911.1
	冬小麦//春玉米/夏玉米	323.9	417.8	385.1		1126.8
	冬小麦//春玉米/夏玉米//秋玉米	318.1	406.1	383.1	115.7	1223.0

2. 不同多熟模式组分产量比较

进一步分析一麦一玉米、一麦二玉米及一麦三玉米多熟模式中各组分产量比较结果（表 3-3）可以看出：一方面，增加组分之后，作物单产受到影响。与平作对照相比，两年平均，一麦二玉米的小麦、夏玉米产量分别为平作对照的 73.9％和 81.5％；一麦三玉米的相应值分别为 72.6％和 81.0％，说明由于小麦、夏玉米实播面积减少，边际效应的增产效果难以弥补播种面积减少带来的产量损失。另一方面，从全年产量看其产量优势明显，即增加组分的增产幅度大于因实播面积减少导致的减产幅度。

3. 不同多熟模式产量构成因素比较

分析不同模式各季作物的产量构成因素可见表 3-4。与一麦一玉米相比较，一麦二玉米与一麦三玉米有两个特点：①相应的组分作物亩穗数减少。两年平均，一麦二玉米、一麦三玉米的小麦亩穗数分别为一麦一玉米的 65.11％和 62.18％；夏玉米分别为一麦一玉米的 92.24％和 81.25％。②全年农田玉米总穗数增加。与一麦一玉米相比，两年平均，一麦二玉米、一麦三玉米每亩分别增加

3179 穗和 4862 穗。综合来看，通过增加种植茬数，虽然组分产量及其产量构成因素的各项指标有所下降，但利用增加组分所得产量足以弥补这种损失并获得较高的总产量，体现出多熟复合种植能从整体上获得高产的优势。

表 3-4 河南省封丘县不同多熟模式作物组分产量结构状况

年份	作物	一麦一玉米				一麦二玉米				一麦三玉米			
		亩穗数/穗	穗粒数/个	千粒重/g	理论产量/(kg/亩)	亩穗数/穗	穗粒数/个	千粒重/g	理论产量/(kg/亩)	亩穗数/穗	穗粒数/个	千粒重/g	理论产量/(kg/亩)
1997	小麦	324 000	32.5	45.0	474.0	233 000	37.0	36.3	313.0	233 000	37.0	36.3	313.0
	春玉米					3892	460.0	296.0	530.0	3484	476.0	305.0	506.0
	夏玉米	3391	509	310.3	535.6	3340	446.0	282.0	420.0	2590	528.0	280.0	383.10
	秋玉米									2553	420.0	132.0	141.5
1998	小麦	453 000	33.61	38.22	581.9	272 900	34.56	41.17	388.3	250 100	40.72	37.27	379.6
	春玉米					2996	498.7	328.9	491.4	3300	482.8	249.7	397.8
	夏玉米	3450	584	285.1	574.4	2970	544.5	319.1	516.0	2968	548.0	326.0	530.1
	秋玉米									1670	409.6	168.0	114.9

三、河南省扶沟县棉田多熟超高产种植模式产量结果分析

表 3-5 是 1995 年和 1996 年两个年度不同麦棉套种多熟模式的产量结果。从小麦产量来看，3∶2 式与 3∶2∶3∶2 式的小麦亩产量相当，均为 406kg/亩，比 6∶2∶2 式小麦的 380kg/亩增产 6.8%，但三者均比纯作小麦的 460kg/亩低，3∶2∶3∶2 式、3∶2 式、6∶2∶2 式分别为纯作小麦产量的 88.3%、88.3% 和 82.6%。从全田皮棉总产量来看，3∶2∶3∶2 式为 113.8kg/亩，分别比 6∶2∶2 式、3∶2 式高 22.2%、18.0%。从棉花组分产量来看，3∶2∶3∶2 式的中熟棉产量比 3∶2 式减产 19.3kg/亩，但由于短季棉的产量增加量超过了中熟棉相应的减产量，因而从总体上来看增产了 16.7kg/亩。6∶2∶2 式中熟棉较 3∶2 式中熟棉减产 12.7kg/亩，而由于其短季棉产量较低，弥补不了中熟棉相应减产量，故从总体上皮棉产量略低于 3∶2 式。

表 3-5 河南省扶沟县不同麦棉套种多熟模式产量状况（1995 年和 1996 年两年平均）

模式	小麦				短季棉				中熟棉				皮棉
	亩穗数/穗	穗粒数/个	千粒重/g	产量/(kg/亩)	铃数/铃	铃重/g	衣分/%	产量/(kg/亩)	铃数/铃	铃重/g	衣分/%	产量/(kg/亩)	产量/(kg/亩)
3∶2∶3∶2 式	281 000	29.8	48.5	406	2.03	4.775	37.17	36.0	3.84	5.025	40.30	77.8	113.8
6∶2∶2 式	276 000	29.1	47.3	380	1.57	3.479	35.24	19.3	3.68	5.025	40.30	74.4	93.7
3∶2 式	281 000	29.8	48.5	406					4.78	5.020	40.30	97.1	97.1

第二节　多熟超高产模式干物质积累量与季节分布特征

一、干物质积累量动态

从河南省扶沟县全年干物质积累量来看，以一麦三玉米为最大，达 3484kg/亩；一麦二玉米居中，为 2745kg/亩；一麦一玉米最低，仅 2237kg/亩。一麦三玉米比一麦二玉米、一麦一玉米干物质积累量分别多 739kg/亩、1247kg/亩（图 3-1），表现出一麦三玉米的强大的物质生产能力。从封丘县全年干物质积累量来看，一麦三玉米干物质积累量较大，达 3210kg/亩；一麦二玉米居中，为 2760kg/亩；一麦一玉米最低，仅 2280kg/亩。这表现出一麦三玉米和一麦二玉米较高的物质生产能力（图 3-2）。从不同时期不同种植方式的干物质生产总积累量来看，仅在冬、春季节，一麦一玉米干物质积累量略高于一麦三玉米与一麦二玉米，小麦拔节期以后，一麦一玉米与一麦三玉米、一麦二玉米的干物质积累量逐渐缩小，直至持平，之后一麦三玉米、一麦二玉米迅速超过一麦一玉米。

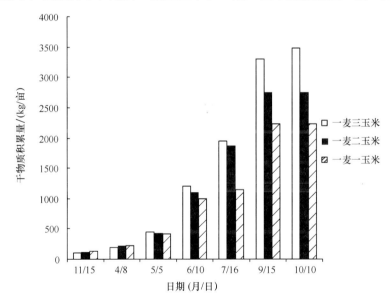

图 3-1　河南省扶沟县不同多熟模式的干物质积累量动态

二、干物质积累高值期维持时间比较

从不同时期不同多熟模式农田干物质维持量来看（图 3-3），在绝大部分时段内，一麦三玉米高于一麦二玉米和一麦一玉米，但其干物质维持量因作物成熟收获移出农田而变化较大，由波峰值突降至波谷值。一麦一玉米是由高峰值下降

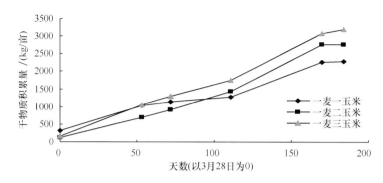

图 3-2　河南省封丘县不同多熟模式干物质积累量比较

至 0，而由于前作物收获之前，间套作物已有一定的生长量，故在前后作物接茬期间，一麦二玉米和一麦三玉米农田仍保持一定的生物量，因此一麦二玉米和一麦三玉米的降幅比一麦一玉米小。从全年来看，农田保持≥500kg/亩生物量的时间，一麦三玉米分别比一麦二玉米、一麦一玉米多 25 天和 60 天。

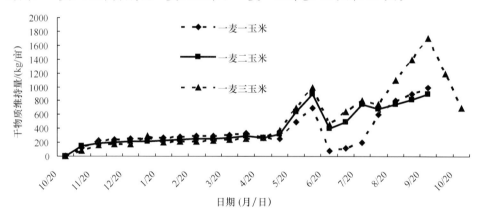

图 3-3　不同多熟模式农田干物质维持量随时间变化动态

三、高群体活力保持时间比较

　　农田作物生长率表示在单位时间内，单位土地面积上所增加的干物质质量。它的大小反映了作物群体光合作用的强弱，其实质就是一定时期的日平均生产率。比较不同多熟模式的全年作物生长率状况，其特点是不同的（表 3-6，图 3-4）。

　　1）从作物组成来看，三种种植模式中 C3 作物与 C4 作物种植茬数以及在农田中所占的比重差异较大。一麦三玉米模式 C4 作物所占比重最大，达 75%，且 4～10 月均有 C4 作物生长；一麦一玉米 C4 作物所占比重最小，为 50%，仅 6～

表 3-6　不同多熟模式的作物生长率状况比较

[单位：g/(m² · d)]

模式	10/20~11/15	11/15~4/8	4/8~5/5	5/5~5/20	5/20~5/30	5/30~6/6	6/6~6/12	6/12~7/1	7/1~7/16	7/16~8/6	8/6~8/20	8/20~9/15	9/15~10/10	全生育期平均	全年平均
一麦三玉米	4.92	1.00	12.06	50.8	33.15	28.00	20.00	25.26	22.60	53.25	28.18	45.00	8.46	14.93	14.32
一麦二玉米	5.76	1.12	8.50	49.30	27.30	18.25	17.25	22.66	24.80	51.75	12.00	14.00	—	12.48	11.28
一麦一玉米	6.72	1.10	5.06	34.90	34.95	20.00	1.50	4.58	12.00	38.48	28.71	12.94	—	10.82	9.19

注：表中日期表示方法为月/日；"—"表示该时间该模式已无作物生长。

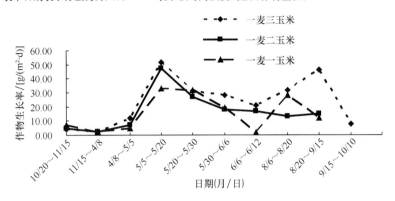

图 3-4　不同种植模式的作物生产率动态

9 月有 C4 作物生长。C4 作物在农田中所占比重与生长时间增加为充分发挥 C4 作物的高光效性能提供了可能。从全年不同多熟模式作物生产率高值期来看，分别出现在冬小麦、春玉米、夏玉米、秋玉米叶面积最大值期；一麦三玉米模式有 4 个作物生产率高值期，一麦二玉米模式有 3 个作物生产率高值期，而一麦一玉米模式仅有 2 个作物生产率高值期。

2）在 5~10 月长达 5 个月的时间内，一麦三玉米模式作物生产率持续保持高群体活力，作物生产率值均大于 15g/(m² · d)，其中作物生产率值 ≥30g/(m² · d) 的日数达 70 天。短期内（7 月 16 日~8 月 6 日）最大作物生产率值达 53.25g/(m² · d)，是作物最大生长率估算值 77g/(m² · d) 的 69.2%，超过 Loomis 和 Williams（1963）所估算的玉米最大生长率 52g/(m² · d) 的 2.4%，显示了其较高的群体光合能力。与之相比，一麦一玉米模式作物生产率最大值也出现在此期，但其值仅为 38.48g/(m² · d)，且在 6 月份出现一个作物生产率低值期，其值仅为 1.50g/(m² · d)。

3）将作物总生育期的作物生产率平均值比较，一麦三玉米模式为 14.93g/(m² · d)，比一麦二玉米模式的 12.48g/(m² · d) 提高了 19.6 %，比一麦一玉米的 10.82g/(m² · d) 提高了 38.0%。

4）从全年作物生产率平均值来看，一麦三玉米模式为 14.32g/(m² · d)，比

一麦二玉米的 11.28g/(m² · d) 提高了 27.0%，比一麦一玉米的 9.19g/(m² · d)
提高了 55.8%。

综合以上分析可见，一麦三玉米模式表现出全生育期高群体活力，且前后作
物接茬期仍维持较高的作物生产率值，充分体现了一麦三玉米模式在均衡利用不
同时段自然资源方面的优势。

第三节　年光能利用率状况分析

不同多熟模式其光能利用特点是不同的。从全年生物产量光能利用率来看
（表 3-7），一麦三玉米为 1.76%，比一麦二玉米提高 25.7%，比一麦一玉米提高
54.4%，显示出集约多熟种植的优势。从农田不同生长阶段的光能利用效率来
看，一麦三玉米模式在 4～10 月期间均大于 1%，时间长达 180 天，比一麦二玉
米、一麦一玉米分别增加 30 天和 67 天；从作物生长盛期的光能利用效率来看
（图 3-5），光能利用的高峰期分别出现在小麦抽穗期和夏玉米抽雄开花期，一麦
三玉米模式的短期光能利用率超过 4.5%，接近于 5% 的理论最大值。综合来看，
与一麦二玉米、一麦一玉米相比，一麦三玉米模式表现为光能利用时间长，且光
能利用效率也较高。

表 3-7　不同多熟模式不同时期光能利用状况　　　　　（单位：%）

模式	10/20 ~ 11/15	11/15 ~ 4/8	4/8 ~ 5/5	5/5 ~ 5/20	5/20 ~ 8/30	5/30 ~ 6/6	6/6 ~ 6/12	6/12 ~ 7/1	7/1 ~ 7/16	7/16 ~ 8/6	8/6 ~ 8/20	8/20 ~ 9/15	9/15 ~ 10/10	全生育期平均	全年平均
一麦三玉米	0.77	0.17	1.30	4.66	3.04	2.42	1.73	2.19	2.06	4.83	2.54	4.78	1.04	1.77	1.76
一麦二玉米	0.91	0.19	0.92	4.52	2.50	1.58	1.49	1.96	2.26	4.70	1.80	1.50	—	1.41	1.40
一麦一玉米	1.06	0.18	0.55	3.20	3.20	1.73	0.13	0.40	1.10	3.49	2.59	1.58	—	1.16	1.14

注：表中日期表示方法为月/日；"—"表示该时间该模式已无作物生长。

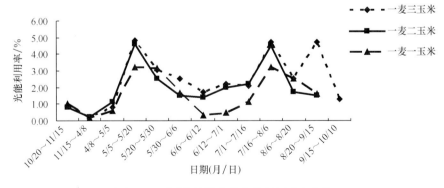

图 3-5　不同多熟模式的光能利用动态变化

从经济产量的光能利用率来看（表3-8），一麦三玉米也比一麦二玉米、一麦一玉米的高，但其提高的幅度小于生物产量的光能利用率，其原因主要是由于空秆率过大，群体质量较差，导致经济系数低，可见提高群体质量是进一步提高经济产量光能利用率的有效途径。

表3-8　不同多熟模式的气候资源利用效率

项　　目	一麦三玉米	一麦二玉米	一麦一玉米	一麦三玉米比一麦一玉米提高/%	一麦三玉米比一麦二玉米提高/%
作物生长时间/天	350	325	310	12.9	4.84
日平均生物产量生产率/[kg/(d·亩)]	9.55	7.52	6.13	55.79	22.68
日平均经济产量生产率/[kg/(d·亩)]	4.02	3.37	2.72	47.79	23.90
生物学热量转化效率/[kg/(100℃·亩)]	67.79	53.42	43.53	55.74	22.72
经济学热量转化效率/[kg/(100℃·亩)]	28.55	23.90	19.34	47.62	23.58
生物学产量光能利用率/%	1.77	1.40	1.14	55.26	22.80
经济学产量光能利用率/%	0.74	0.63	0.49	51.02	28.57

第四节　资源利用效率分析

作物生产，实际上是利用光、热、水、肥等农业资源，通过光合作用将太阳辐射能转化为化学能，并储存于生物体的过程。能否充分利用丰富的农业气候资源并获得较高的资源转化效率是衡量一种种植模式生态功能优劣的重要内容。

一、不同多熟模式的时间利用状况及效率比较

充分利用生长季节进行作物生产是农业生产的目的。理想的作物光能利用途径是保持全田皆绿、四季皆青。为此，育种学家们正努力培育能较早播种、使叶面积较早地扩展的耐霜冻和耐低温品种，或选育生长期长的晚熟品种；栽培学家则致力于通过合理的水、肥管理，延长作物有效面积的功能期、适当迟收来达到上述效果。从目前来看，由于作物本身固有的生长发育特性难以克服，作物的生育期不可能无限延长，因而通过以间、套、复种为主的多熟种植则成为达到全田皆绿、四季常青的有效途径。从季节利用状况来看，一麦三玉米、一麦二玉米、一麦一玉米种植方式全年作物的总生长期分别为350天、325天、310天，年时间利用集约度分别达0.96、0.89和0.85。一麦三玉米、一麦二玉米比一麦一玉米多利用生长时间15～40天，光合时间增加4.84%～12.9%。从日作物生产效率来看（表3-8），一麦三玉米、一麦二玉米模式全年日平均生物产量生产率比一麦一玉米模式增加1.39～3.42 kg/(d·亩)，提高了22.68%～55.79%；日平均经济产量生产率比平作增加0.65～1.30 kg/(d·亩)，提高了23.90%～47.79%。

二、不同多熟模式的光热资源利用状况比较

复合种植组分的增加，有效地提高了时间的集约利用，因此也大幅度提高了对光能的利用效率。从三种模式的生物学产量看，一麦三玉米与一麦二玉米模式的光能利用率达到了 1.76% 和 1.40%，分别比一麦一玉米模式提高 54.39% 和 22.80%；从经济学产量来看，一麦三玉米与一麦二玉米模式光能利用率达到 0.74% 和 0.63%，分别比一麦一玉米提高了 51.02% 和 28.57%，显示出多熟集约种植在提高光能利用率方面的优势。

热量资源利用效率评价，参考董宏儒和邓振镛（1988）提出的方法，即在综合考虑间套作种植后的共生期积温重叠、空带积温损失与株高差对热量的影响等因素后计算热量资源的利用效率，其公式为

$$P_N = \frac{T_N}{\sum T(\geqslant 0℃)}$$

其中，

$$T_N = \sum_{t_0}^{t_1} T_i - k_1 \frac{n_2}{n} \sum_{t_0}^{t_1} T_i - k_2 \frac{n_1}{n} \sum_{t_2}^{t_3} T_i - k_3 \frac{n_2}{n} \sum_{t_4}^{t_5} T_i - k_4 \frac{n_3}{n} \sum_{t_6}^{t_7} T_i$$

式中，P_N 为热量资源利用度，T_N 为某一种植模式生育期间的热量收入量，t_0 为小麦播种期，t_1 为春玉米移栽期，t_2 为小麦成熟期，t_3 为夏玉米移栽期，t_4 为春玉米收获期，t_5 为秋玉米移栽期，t_6 为夏玉米成熟期，t_7 为秋玉米成熟期，n_1 为小麦带幅，n_2 为春玉米带幅，n_3 为夏玉米带幅，n 为整个带距。$\sum_{t_0}^{t_7} T_i$ 为 t_0 到 t_7 满地作物时应得到的积温；$k_1 \frac{n_2}{n} \sum_{t_0}^{t_1} T_i$ 为春玉米移栽前的空地积温的损失量；$k_2 \frac{n_1}{n} \sum_{t_2}^{t_3} T_i$ 为小麦收获后到夏玉米移栽期空地的积温损失量；$k_4 \frac{n_3}{n} \sum_{t_6}^{t_7} T_i$ 为夏玉米收获后到秋玉米成熟期空地的积温损失量。k 为经验系数，在 0～1 范围内变动，系生长作物对空地的遮蔽程度。作物高度愈高，遮蔽愈严重，k 值愈小。

根据河南省扶沟县一麦三玉米、一麦二玉米模式的实际情况，一麦三玉米模式 k_1 取 0.60，k_2 取 0.10，k_3 取 0.10，k_4 取 0.20；一麦二玉米模式 k_1 取 0.75，k_2 取 0.15，k_3 取 0.30；平作小麦苗期取 k 值为 0.5，玉米苗期为 0.30。根据多年气象资料，扶沟县 ≥0℃ 积温 5138.6℃，≥0℃ 积温的初日为 2 月 15 日，终日为 12 月 12 日。依此计算不同多熟模式的热量资源利用度，结果表明：一麦三玉米模式最高，为 0.90；一麦二玉米模式次之，为 0.82；一麦一玉米模式最低，只有 0.78。一麦三玉米比一麦二玉米、一麦一玉米分别提高 9.8% 和 15.4%。从热

量转化效率来看，一麦二玉米与一麦三玉米模式的生物学热量转化效率和经济学热量转化效率分别为 53.42～67.79kg/(100℃·亩)和 23.90～28.55kg/(100℃·亩)，比一麦一玉米模式分别提高 22.72%～55.74%和 23.58%～47.62%。

第五节 经济效益状况分析

多熟超高产模式有效地提高了单位面积年产量。然而，实现超高产必须有高投入，那么高投入、高产出能否同时实现高效益？这是很多人关心的问题。为此，笔者作了认真详细的记载与调查分析。

一、生产成本、产值状况比较

生产成本：包括种子、地膜、肥料（含化肥、有机肥）、农药、排灌和劳动用工，均按当地市场价格计算。小麦种子每千克 2.0 元，玉米种子每千克 3.0 元，尿素每千克 1.50 元，碳酸氢铵每千克 0.58 元，磷酸二铵每千克 2.0 元，氯化钾每千克 2.5 元，人工费用每工作日 6 元，其他按实际支出计入。产出：主产品小麦按每千克 1.7 元计，玉米按每千克 1.6 元计，副产品小麦秸秆按每千克 0.30 元计，玉米秸秆按每千克 0.10 元计。

从各种模式的生产成本与产值状况比较来看（表 3-9，表 3-10），随着种植茬数增加，成本相应提高。一麦三玉米和一麦二玉米的生产成本费用比一麦一玉米相应提高 68.7%～73.1%和 32.9%～40.3%，主要是用工大幅度增加和化肥费用的提高，在此方面，两种模式分别提高了 69.5%～75.0%和 30.9%～39.6%。但从产值情况看，提高幅度也很明显，一麦三玉米与一麦二玉米分别比一麦一玉米提高 31.5%～32.4%和 14.4%～22.2%。

表 3-9 河南省扶沟县不同多熟模式亩生产成本与产值比较

处理	用工		生产资料费用/元						成本合计/元	产值/元
	个	工资/元	种子	地膜	农药	化肥	排灌	小计		
一麦三玉米	47	282	22	10	10	535	25	602	884	2493.7
一麦二玉米	33	198	19	10	8	475	25	537	735	2170.5
一麦一玉米	24	144	18	0	6	338	18	380	524	1896.7

表 3-10 河南省封丘县不同多熟模式亩生产成本与产值比较

处理	用工		生产资料费用/元						成本合计/元	产值/元
	个	工资/元	种子	地膜	农药	化肥	排灌	小计		
一麦三玉米	47	282	22	10	10	250	25	317	599	1988.5
一麦二玉米	33	198	19	10	8	200	25	262	460	1835.3
一麦一玉米	24	144	18	0	6	160	18	202	346	1501.6

二、主要经济效益指标比较

进一步分析各种模式的主要经济效益指标（表 3-11，表 3-12），可以看出：①从净产值来看，一麦三玉米和一麦二玉米都比一麦一玉米高，表明尽管投入增加，增产与增收基本是同步的；②从成本产值率与资金产投比等指标看，各模式大致相近，或随种植茬数增加稍有降低趋势；③从劳动生产率及劳动净产值率等指标看，一麦三玉米模式与一麦二玉米模式比一麦一玉米模式明显降低，而且随种植茬数的提高，降低趋势显著，表明该模式的费工矛盾仍较为突出。

表 3-11　河南省扶沟县不同多熟模式主要经济效益指标比较

处理	亩净产值/元	资金产投比/(元/元)	成本产品率/(kg/元)	劳动净产值率/(元/工日)	物质费用收益率/(元/元)	成本产值率/(元/元)	劳动生产率/(kg/工日)
一麦三玉米	1609.7	2.82	1.54	34.25	3.67	1.82	28.91
一麦二玉米	1435.5	3.07	1.60	43.50	3.57	1.95	35.61
一麦一玉米	1372.7	3.61	1.93	57.20	4.37	2.62	42.17

表 3-12　河南省封丘县不同多熟模式主要经济效益指标比较

处理	亩净产值/元	资金产投比/(元/元)	成本产品率/(kg/元)	劳动净产值率/(元/工日)	劳动生产率/(kg/工日)
一麦三玉米	1389.5	3.32	2.04	29.56	26.02
一麦二玉米	1375.3	3.99	2.45	41.67	34.15
一麦一玉米	1155.6	4.34	2.63	48.15	37.96

为综合评价各种植模式的效益状况，采用模糊综合评判法对两地的 3 种种植模式进行了评价。以亩产量（x_1）、每 100kg 产量费用（x_2）、每亩用工（x_3）、每亩纯收入（x_4）为评定指标，各指标的权重分配为 0.3、0.2、0.2、0.3，则其模糊向量 **A** 可表示为

$$A = (x_1, x_2, x_3, x_4) = (0.3, 0.2, 0.2, 0.3)$$

用图像法建立隶属函数，并进行综合评判，得出评判结果 $B = (0.418, 0.517, 0.647)$，再经归一法计算得到一麦一玉米、一麦二玉米和一麦三玉米的综合评判指数分别为 0.264、0.327 和 0.409。由此可见，在重点考虑亩产量与亩纯收入，并综合考虑亩生产费用和亩用工量的前提下，一麦三玉米的总体效益仍是最好的，一麦二玉米次之，一麦一玉米最差。

参 考 文 献

董宏儒,邓振镛. 1988. 带田农业气候资源的利用. 北京:气象出版社

黄文丁,章熙谷,唐荣南. 1993. 中国复合农业. 南京:江苏科学技术出版社. 58~68

李伯航,黄舜阶,佟屏亚. 1990. 黄淮海玉米高产理论与技术. 北京:学术书刊出版社. 58~67

逄焕成. 1996. 一种集约多熟超高产模式的探讨——河南扶沟县一麦三玉的机理与技术. 中国农业大学博士学位论文

逄焕成,陈阜. 1998. 黄淮平原不同多熟模式生产力特征与资源利用效率研究. 自然资源学报,3:198~205

王树安. 1991. 吨粮田技术. 北京:农业出版社. 25~57

Loomis RS, Williams WA. 1963. Maximum crop productivity:A estimate. Crop Sci,(3):69~72

第四章　　多熟种植模式的超高产理论机制

农田实现高产的关键在于通过构建高光效的作物群体，提高对光能的截获及利用，增加群体的物质生产能力。对多熟种植而言，高产的关键则是通过协调复合群体中各组分作物的竞争互补关系，增强其整体功能，充分提高农作物对时间与空间的利用强度。从生态生理角度来看，其高产的机理主要体现在以下几个方面。

第一节　合理增加光合面积，充分利用生长时间

绿叶是作物的主要光合器官，只有当农田覆盖有足够大的叶面积时，叶层才能吸收较多的太阳能，从而提高农田光能利用率。由于作物的生长发育是一个不断发展的过程，因此单一群体作物不同生育阶段在对环境资源的利用上存在不足。从叶面积来看，其发展动态呈抛物线形，即"由低到高再到低"的过程。在作物生长初期，LAI 过小，漏光损失严重；作物旺盛生长阶段，LAI 过大，田间封垄，作物用光停留在平面状态，透光性差，易出现"上饱下饥"现象，形成光能浪费；作物生育后期，随着个体的衰老，部分叶片变黄或脱落，LAI 趋于减少，会再次出现漏光损失，单一作物群体的这种叶面积变化动态特点对光热等自然资源的利用有局限。若将不同生育特点的作物种类和作物品种间、套、复种在一起，通过形成复合群体，使不同作物交替出现生长高峰，农田的叶面积动态呈多峰性，有利于弥补单一群体的不足。

从全年农田 LAI 消长规律来看，不同多熟模式之间差异较大（表 4-1，图 4-1）。

1) 全年平均 LAI 以一麦三玉米模式最高，为 2.47，分别比一麦二玉米、一麦一玉米的 2.22 和 1.70 提高了 0.25 和 0.77，增加 11.26% 和 45.29%，即相当于全年每亩日平均分别扩大了 166.7m² 和 513.4m² 的绿叶光合面积；从光热水资源配合较好的 4~9 月作物主要生育期间来看，一麦三玉米模式、一麦二玉米模式、一麦一玉米模式平均 LAI 分别为 4.18、3.64、2.62，一麦三玉米模式分别比一麦二玉米、一麦一玉米增加 14.8% 和 59.5%，相当于此生育阶段每亩日平均分别增加 360.0m² 和 1040.1m² 的绿叶光合面积，对光的截获更为充分。

2) 从 LAI 的稳定性来看，其优势更明显。一麦三玉米模式 LAI 表现为高而

稳，峰值不过高，为 5.43，谷值不过低，大于 1.0，使全田在主要作物生长季节保持较高水平的适宜 LAI，能够均衡地利用不同时期的光能。一麦二玉米模式在 7 月中旬以前其 LAI 消长规律基本同一麦三玉米模式，而在此后则出现差异，9～10 月份 LAI 下降速度快，漏光较多；一麦一玉米模式在小麦收获后至夏玉米出苗期间及夏玉米收获后至小麦出苗期前共计 45 天，田间无绿色覆盖，5 月底至 7 月初期间全田 LAI 小于 1.0，表现为 LAI 波动性大。因此从全年来看，除了冬季与早春时段因空带的存在而使一麦三玉米模式 LAI 稍低于平作外，在光照充足、热量丰富、雨水充沛的大部分时段内，一麦三玉米模式都保持了较高且平稳的叶面积，这无疑增加了光能的截获与利用，为高产奠定基础。

表 4-1　河南省扶沟县不同多熟模式各生长阶段 LAI 变化动态

模式	11/15	4/8	5/5	5/20	5/30	6/6	6/10	7/1	7/16	8/6	8/20	9/5	9/15	10/10	4～9月份平均	全年平均
一麦三玉米	1.00	2.45	4.63	4.55	4.80	4.10	4.04	4.09	2.56	5.43	5.42	4.50	4.00	1.30	4.18	2.47
一麦二玉米	1.00	2.70	4.30	4.30	4.50	3.60	3.90	3.94	2.10	4.57	3.93	2.70	2.30	—	3.64	2.22
一麦一玉米	1.20	3.50	4.50	3.30	2.10	1.00	0.00	0.60	1.00	1.80	4.83	4.72	2.50	—	2.62	1.70

注：表中日期表示方法为月/日；"—"表示此模式此时期无数据。

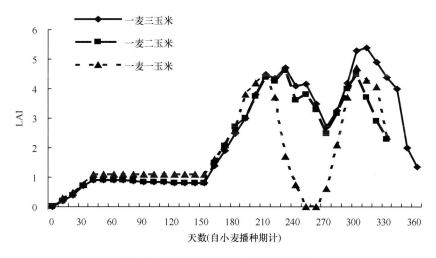

图 4-1　不同多熟模式 LAI 年动态变化

3）分析不同种植模式各组成作物 LAI 可见，其消长规律基本相似（图 4-2～图 4-4），即呈现出 LAI 由低到高，再由高到低的变化态势。从不同模式叶面积时间分布比较上看，一麦三玉米表现为"四峰曲线"，而一麦二玉米为"三峰曲线"、一麦一玉米为"双峰曲线"的消长动态。从各作物的叶面积消长结合形式来看，不同模式表现也有很大差异。一麦一玉米模式表现为由两个相互间断的两条曲线组

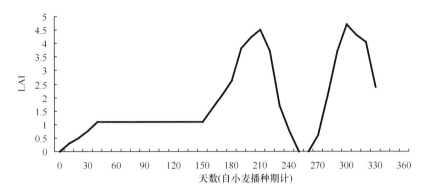

图 4-2 一麦一玉米模式冬小麦、夏玉米 LAI 动态变化

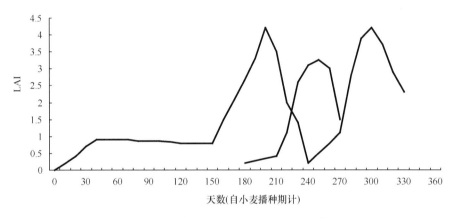

图 4-3 一麦二玉米模式冬小麦、春玉米、夏玉米 LAI 动态

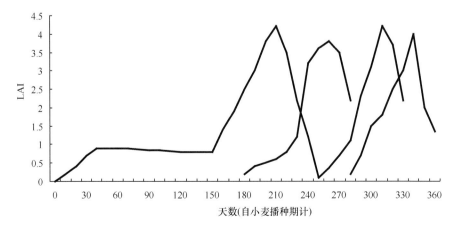

图 4-4 一麦三玉米模式冬小麦、春玉米、夏玉米、秋玉米 LAI 动态

成。一麦三玉米模式表现为前作物的最大 LAI 时期与共生作物最小 LAI 时期的结合，或者是叶面积旺盛生长期与叶面积缓慢生长期的结合。从农田叶面积空间分布来看，表现为此起彼伏，此涨彼削，从而使复合群体保持一个良好的稳而高的 LAI。

第二节　提高照光叶面积

Wilson（1967）认为在中纬度地区的晴天，直立叶作物群体的照光叶面积指数（leaf area index sunshine，LAIs）很少超过 2。笔者对一麦一玉米平作的研究结果也证明了这一点。众多研究结果表明，在平作或单作种植情况下，若过多增加群体 LAI，可能会导致群体郁闭，造成群体叶面积的提高与 LAIs 不同步发展。从试验结果来看，不同作物种类、生育期的作物间套作种植所构成的复合群体可有效地增加照光 LAIs（表 4-2）。一麦三玉米模式在相当长一段时间（春玉米灌浆—夏玉米成熟）内其平均照光 LAIs 在 2.0 以上。

表 4-2　不同多熟模式各时期的 LAIs 比较

模式		小麦拔节期	小麦灌浆期	春玉米灌浆期	夏玉米开花期	夏玉米灌浆期	夏玉米成熟期	4~9月平均
一麦三玉米	LAIs	0.934	1.750	2.112	2.700	2.600	2.010	2.018
	LAIs/ LAI	0.322	0.365	0.528	0.540	0.476	0.503	0.456
一麦二玉米	LAIs	0.934	1.690	1.985	2.340	1.850	1.200	1.667
	LAIs/ LAI	0.322	0.370	0.526	0.510	1.420	0.545	0.449
一麦一玉米	LAIs	1.201	1.418	1.050	1.348	1.610	1.080	1.285
	LAIs/ LAI	0.292	0.315	0.500	0.420	0.420	0.480	0.403

在晴天正午 12：00，于不同生长发育阶段的测定值可见，除小麦拔节期间套作种植模式的 LAIs 略低于平作种植外，其他所有测定时期间套作种植 LAIs 均高于平作种植。从其平均值来看，一麦三玉米为 2.018，比一麦二玉米的 1.667 高 21.06%，差异主要表现在一麦二玉米的生长后期 LAI、LAIs 较小；一麦三玉米比一麦一玉米的 1.285 高 57.04%。从 LAIs/LAI 的值来看，所有测定期，间套作种植的 LAIs/LAI 值均高于平作，间套作种植平均比平作提高 12.28%。以上结果表明：间套作种植所形成的冠层结构不但能容纳较高的叶面积，同时还能实现叶面积与照光叶面积的协调发展，增加有效光合面积。这说明合理间套作种植所形成的高低相间的空间结构有效地增加了复合群体冠层的照光叶面积比例，从而变平面受光为立体受光，充分有效地截获自然光能，这是一麦三玉米模式之所以提高光能利用率的关键所在。

第三节　提高全年叶日积

光合面积与光合时间是光能利用构成三因素中的两个主要因子。刘巽浩和牟正国（1981）在分析光合面积、光合时间与产量关系后，提出了叶日积（LAI·D）的理论，并认为单纯增加叶面积或生长时间并不一定能提高作物产量，只有同时提高叶面积与生长时间，实现叶面积与光合时间的有效结合，增加叶日积，才能提高产量。一麦三玉米模式的全年作物有效光合时间（以出苗后的总天数计）高达 350 天，分别比一麦二玉米、一麦一玉米模式增加 25 天和 40 天。从表 4-3 可以看出，如果仅从小麦、夏玉米两作物的 LAI·D 值之和来看，以一麦一玉米最高，分别比一麦二玉米、一麦三玉米高 23.8% 和28.9%，但从全年来看，由于一麦三玉米增加了春玉米和秋玉米，一麦二玉米增加了春玉米，从而补偿了冬小麦、夏玉米的减少值。因此以一麦三玉米的叶日积为最高，比一麦二玉米提高 24.2%，比一麦一玉米提高 38.1%。

表 4-3　不同多熟模式叶日积比较

模式	小麦			春玉米			夏玉米			秋玉米			总叶日积
	LAI	D	LAD	LAI	D	LAD	LAI	D	LAD	LAI	D	LAD	
一麦三玉米	1.43	170	243	1.97	98	193	2.03	93	189	1.72	84	144	769
一麦二玉米	1.47	170	250	1.72	98	169	2.15	93	200	—	—	—	619
一麦一玉米	1.56	170	265	—	—	—	2.84	103	292	—	—	—	557

注：表中 D 表示生长期（天）；LAD 表示叶日积（LAI·D）；"—"表示此模式此时期无此作物数据。

从不同种植模式产量形成期间的叶日积来看，其差异尤为明显。主要体现在以下几个方面。

1）从时间分布来看（图 4-5），一麦三玉米模式自 5 月初至 10 月上旬期间，冬小麦、春玉米、夏玉米、秋玉米交替、连续进入产量形成期，4 个生殖生长阶段共为 180 天，即全年有 50% 的时间为产量形成期；一麦二玉米模式由 3 个生殖生长阶段组成，生殖生长时间共计 135 天，占全年的 37%；一麦一玉米模式由 2 个生殖生长阶段组成，生殖生长时间为 90 天，仅占全年的 25%。从生殖生长时间比较，一麦三玉米比一麦二玉米增加了 33.3%，比一麦一玉米增加了 1倍。可见一麦三玉米模式全年生殖生长的时间大大拉长，为经济产量的提高奠定了基础。

2）从产量形成期叶面积状况来看（表 4-4），一麦三玉米生殖生长阶段叶面积系数（LAI_R）总计 9.99，比一麦二玉米的 8.38 高出 1.61，提高 19.2%；比一麦一玉米的 6.80 高出 3.19，增加 46.9%。即相当于全年每亩地比一麦二玉米、一麦一玉米增加了 940～1990m² 的有效光合面积。

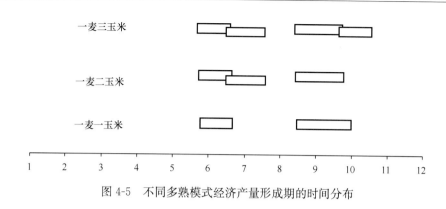

图 4-5 不同多熟模式经济产量形成期的时间分布

表 4-4 不同多熟模式产量形成期的叶日积比较

处理	项目	冬小麦 开花—成熟	春玉米 开花—成熟	夏玉米 开花—成熟	秋玉米 开花—成熟	共计
一麦三玉米	经历日数	35	45	50	50	180
	平均 LAI_R	2.34	2.98	2.89	1.78	9.99
	LAD_R	81.90	134.1	144.5	89.0	449.5
一麦二玉米	经历日数	35	45	55		135
	平均 LAI_R	2.81	2.65	2.92		8.38
	LAD_R	98.35	119.25	160.6		378.2
一麦一玉米	经历日数	35		55		90
	平均 LAI_R	3.58		3.22		6.80
	LAD_R	125.3		177.1		302.4

3）从全年生殖生长阶段的叶日积（LAD_R）来看，一麦三玉米为 449.5，比一麦二玉米的 LAD_R 高出 71.3，提高 18.9%；比一麦一玉米的 LAD_R 高出 147.1，增加 48.6%。从年亩产量（Y）与总 LAD_R 的回归分析看，两者呈显著的正相关关系：

$$Y = 316.69 + 2.69\ LAD_R \qquad (R = 0.9823^* ; * \text{ 表示相关性显著。})$$

第四节 空间利用层次加厚

一麦三玉米间套作种植与一麦一玉米平作种植在全年不同时期作物群体利用的空间层面厚度是不一样的。由于一定时期间套作种植复合群体内组成的作物分处不同的生长发育阶段，从田间空间分布来看有高有低，在作物生长的大多时段内，利用的空间厚度较平作种植的大。如在小麦灌浆期，平作种植利用的空间为地面以上 90cm，而间套作种植所利用的空间达 2m，利用空间厚度比平作种植加厚 1 倍以上。

一、具有比表面积大、光时面积大的特性

一麦三玉米模式在全年大多数生长时间内表现为凸凹田间结构，而一麦一玉米平作种植则表现为平面结构。平作种植的作物由粗糙平面组成，而间套作种植则是由粗糙曲面组成。以平作的比表面积为 1，则间套作种植的比表面积则为 $1+\dfrac{2H}{n}$，其中 H 是高、低位作物的株高差，n 为带宽。当 n 一定时，H 越高，比表面积越大。

从一麦三玉米模式的比表面积年动态分布状况可以看出（表 4-5），除了在小麦生长前期间套作种植的比表面积小于平作以外，作物主要生育时期间套作种植均大于或等于平作。全生育期日平均比表面积为 1.34，比一麦一玉米增加 34%。间套作种植比表面积增大表明其与外界环境资源的接触面大，使作物与外界的物质和能量能够充分交换。除上表面受光外，尚能通过侧面使作物上部、中部和基部都得到太阳辐射，增加了作物的总截光面积。

表 4-5　一麦三玉米模式不同时期群体比表面积

生育期	小麦越冬期	拔节	抽穗	灌浆	成熟	春玉米灌浆	夏玉米开花	夏玉米灌浆	秋玉米灌浆	秋玉米成熟	日平均
比表面积	0.63	0.89	1.04	1.00	1.63	1.93	2.27	1.47	1.00	1.57	1.34

从 4～9 月间套作种植与平作种植的日光时面积（作物群体受光面积与日受光时间的乘积）的比较来看（表 4-6），一麦三玉米模式的日平均值为 50.9，比一麦一玉米平作的 35.9 增加了 41.78%。田间观察发现，当太阳高度角低时，光能截获主要由高位作物完成；而当太阳高度角较高时，光能截获则由高位作物与低位作物共同完成，这是间套作种植日光时面积增加的主要原因。

表 4-6　不同种植方式的日光时面积比较　　　　（单位：m² · h）

模式	4/18	5/20	6/30	7/14	7/28	8/20	9/15	平均
一麦三玉米	13.8	65.3	40.4	53.9	64.1	66.8	52.0	50.9
一麦一玉米	13.4	38.3	6.0	29.6	70.0	64.8	29.3	35.9

注：表中日期表示方法为月/日。

二、冠层叶面积密度大、叶面积垂向分布相对下移

取小麦灌浆期（6 月 5 日）、夏玉米小喇叭口期（7 月 12 日）、夏玉米灌浆期（9 月 4 日）三个时段，比较平作种植与间套作种植主要作物生育期的冠层叶面积密度空间分布状况以及叶面积随相对高度的分布状况（图 4-6～图 4-11）。可

以看出，在所有测定时期内，间套作种植复合群体单位面积冠层叶面积密度均大于同期的平作群体。其中在冠层利用空间差异较大的 6 月 5 日表现尤为突出，此期春玉米叶面积主要分布在 80～200cm 层次，占其总面积的 76.13%；小麦叶面积则集中分布在 60～80cm 层次，占其总叶面积的 96.6%，使两种作物叶层结构得以互补，避免了平作群体上挤下空的叶层分布。从叶面积垂向分布来看，无论是平作群体还是复合群体，其最大叶面积密度均分布于冠层相对高度（以冠层顶部为 $Z=1$，Z 为相对高度）的 0.5～0.7 处。而冠层下部相对高度 0.1～0.4 处，复合群体叶面积密度高于平作群体，表现出复合群体叶面积密度垂向分布下移的趋势。这种特性保证了复合群体不仅能充分利用冠层上、中部的空间，而且同时还能保证冠层下部光、热、水资源的经济有效利用，这是复合群体保持较大叶面积而又不出现群体过度郁蔽的根本原因。

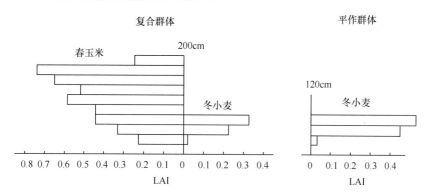

图 4-6 冬小麦灌浆期平作群体与复合群体叶面积密度空间分布比较（1995 年 6 月 5 日）

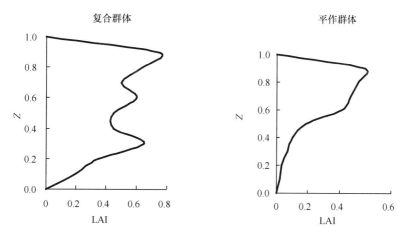

图 4-7 冬小麦灌浆期平作群体与复合群体 LAI 随相对高度（Z）分布
比较（1995 年 6 月 5 日）

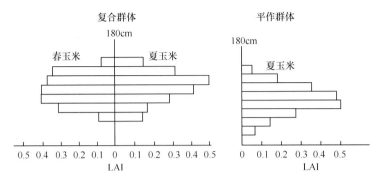

图 4-8　夏玉米大喇叭口期平作群体与复合群体叶面积密度空间分布比
较（1995 年 7 月 12 日）

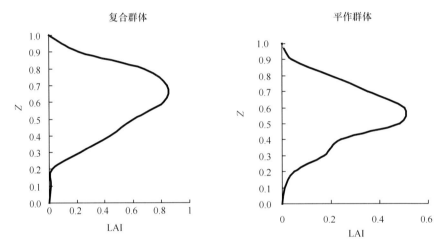

图 4-9　夏玉米大喇叭口期平作群体与复合群体 LAI 随相对高度（Z）分布比较
（1995 年 7 月 12 日）

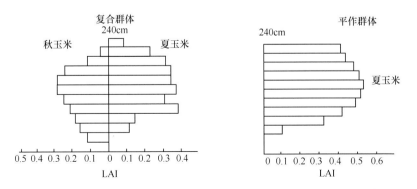

图 4-10　夏玉米灌浆期平作群体与复合群体叶面积密度空间分布比较（1995 年 9 月 4 日）

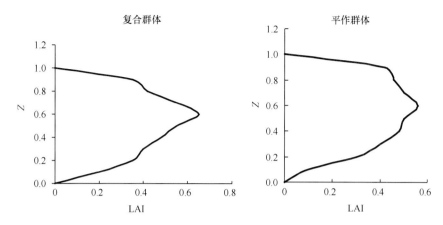

图 4-11　夏玉米灌浆期平作群体与复合群体 LAI 随相对高度（Z）分布比较

（1995 年 9 月 4 日）

第五节　均匀用光

一、冠层叶夹角变小，叶片趋向直立，株形结构趋于紧凑

虽然作物叶夹角的大小主要取决于作物品种的遗传特性，但种植方式对叶夹角的大小也有一定的影响。表 4-7 反映的是开花期平作夏玉米与套作夏玉米的株型状况。套作夏玉米的冠层平均叶夹角、开张角、披垂角分别为 27.0°、37.0°、10.0°，比平作夏玉米的相应值 36.2°、50.5°、14.3°分别小 9.2°、13.5°和 4.3°，表明间套作种植的夏玉米株形趋于紧凑、叶片趋向直立。间套作种植作物的这种株形变化有利于改善群体上下的光分布状况。

表 4-7　套作夏玉米与平作夏玉米的株形结构比较

叶序	叶夹角/（°）			开张角/（°）			披垂角/（°）		
	套作	平作	差值	套作	平作	差值	套作	平作	差值
倒 1	0.0	0.0	0.0	0.0	0.0	0.0	0.0	0.0	0.0
倒 2	11.3	13.7	2.4	21.5	14.0	−7.5	10.2	0.3	−9.9
倒 3	15.8	16.9	1.1	25.0	30.9	5.9	8.1	15.1	7.0
倒 4	17.3	28.8	11.5	23.4	43.2	19.8	6.1	14.4	8.3
倒 5	28.3	35.7	7.4	32.0	43.9	11.9	3.7	8.2	4.5
倒 6	26.9	37.9	11.0	32.1	49.5	17.4	5.2	11.6	6.4
倒 7	27.0	44.8	17.8	48.8	53.8	5.0	21.8	9.0	−12.8
倒 8	37.9	46.8	8.9	52.0	70.8	18.6	14.1	24.0	9.9
倒 9	36.3	52.3	16.0	54.8	70.2	15.4	18.5	17.9	−0.6
倒 10	45.3	64.6	19.3	60.0	90.0	30.0	14.7	25.4	10.7
倒 11	50.0	57.6	7.6	57.0	90.0	33.0	7.0	32.4	25.4
平均	26.9	36.3	9.4	37.0	50.6	13.6	9.9	14.4	4.4

二、总体透光状况改善，光在空间的垂向分布趋于均匀化

笔者分别在春玉米与夏玉米共生期（7月12日）、夏玉米与秋玉米共生初期（7月28日）、夏玉米与秋玉米共生后期（9月4日）三个时段对一麦三玉米间套作种植复合群体与一麦一玉米平作群体进行了分层光照度测定。复合群体某层光照度采用带内高位作物小行间、低位作物小行间、高低位作物大行间两侧共4点加权平均求得，然后与即时自然光照度比较，得到分层透光率（表4-8）。共生作物生长期间的透光率有如下特点。

表 4-8　复合群体与平作群体的透光率状况（1995年7月12日）

高度/cm	日平均		8：00		12：00		16：00	
	复合/%	平作/%	复合/%	平作/%	复合/%	平作/%	复合/%	平作/%
0	17.7	7.2	8.7	3.7	19.8	5.2	19.4	3.5
20	25.0	9.7	10.7	4.5	25.9	17.6	20.6	4.7
40	25.0	13.2	12.4	7.0	31.0	29.3	22.4	7.8
60	29.0	25.2	17.2	13.2	34.0	37.8	28.2	9.7
80	42.0	36.5	29.1	20.4	47.4	50.3	41.0	21.3
100	51.0	75.3	52.2	60.3	51.4	80.5	50.3	68.9
120	72.0	100.0	62.0	100.0	74.4	100.0	76.1	100.0
140	83.0		75.0		84.9		87.9	
160	100.0		100.0		100.0		100.0	

1. 春玉米与夏玉米共生期

从日平均透光率看，复合群体明显优于平作群体，主要表现在群体透光状况的改善。进行函数模拟发现，复合群体的日平均透光率与高度呈直线关系，而平作群体的日平均透光度与高度呈指数关系。其函数式分别为 $Y=3.86+0.5425h$（$R=0.9606^{**}$；** 表示相关性极显著，本章后同）和 $Y=6.437\mathrm{e}^{0.0232h}$（$R=0.9706^{**}$）。另从透光率的日变化状况来看，在太阳高度角较低时（8：00），复合群体与平作群体差异不大，但随太阳高度角升高（12：00 和 16：00），两者差异十分显著，尤其是群体基部（0～40cm）表现突出。各时间的透光率与高度的关系函数式为

8:00　间套作种植：$Y=0.101h^{1.330}$（$R=0.9811^{**}$）

　　　　平作：　　　$Y=11.46h^{3.2215}$（$R=0.9855^{**}$）

12:00　间套作种植：$Y=52.089/(0.1624+2.6175\mathrm{e}^{-0.0125h})$（$R=0.9884^{**}$）

　　　　平作种植：　$Y=11.20\mathrm{e}^{0.0196h}$（$R=0.9787^{**}$）

16:00　间套作种植：$Y=49.544/(0.0709+2.9839\mathrm{e}^{-0.0125h})$（$R=0.9706^{*}$；* 表示相关性显著，本章后同）

平作种植：$Y=2.35e^{0.0316h}(R=0.9523^*)$

2. 夏玉米与秋玉米共生初期

夏玉米与秋玉米共生初期复合群体的透光状况也显著优于平作群体。主要表现在不仅基部和中部（0~80cm）的透光增多，而且在群体上部（100~200cm）其照光也得到改善（表4-9）。这与两种共生作物高度差大有关。其日平均透光率与高度的关系，复合群体与平作群体都呈指数关系，其函数式分别为 $Y=23.13e^{0.007h}$（$R=0.9962^{**}$）和 $Y=7.397e^{0.0117h}$（$R=0.9706^{**}$），但复合群体变光系数（0.0074）显著小于平作（0.0117）。另从透光率的日变化情况看，在太阳直射时，复合群体的透光改善最为显著，下午次之。各时间的透光率与高度的关系函数式分别为

8：00　间套作种植：$Y=36.96/(-0.2506+4.4918e^{-0.0449h})(R=0.9823^*)$
　　　　平作种植：　$Y=5.2046e^{0.0137h}(R=0.9763^*)$
12：00　间套作种植：$Y=34.7e^{0.00483h}(R=0.9907^{**})$
　　　　平作种植：　$Y=13.58e^{0.00934h}(R=0.9853^{**})$
16：00　间套作种植：$Y=48.625/(0.0448+3.0330e^{-0.0009h})(R=0.9790^{**})$
　　　　平作种植：　$Y=2.02e^{0.0174h}(R=0.9790^{**})$

表4-9　复合群体与平作群体的透光率状况（1995年7月28日）

高度/cm	日平均		8：00		12：00		16：00	
	复合/%	平作/%	复合/%	平作/%	复合/%	平作/%	复合/%	平作/%
0	22.8	3.9	7.9	3.7	36.1	4.2	12.8	3.3
20	26.5	10.0	8.6	4.0	41.4	15.6	14.8	3.8
40	31.0	16.5	14.7	4.8	45.6	27.1	19.5	5.1
60	38.5	19.2	17.5	7.1	56.8	31.3	25.0	5.8
80	41.6	24.5	22.6	14.2	60.9	37.5	26.0	8.2
100	48.7	24.8	26.9	15.3	66.4	38.5	36.6	11.3
120	54.7	29.4	32.4	21.4	70.9	40.3	46.1	20.0
140	62.9	35.0	37.0	45.7	78.7	42.7	54.7	27.3
160	74.5	40.3	53.9	48.8	85.1	49.3	72.4	34.5
180	90.5	56.5	85.1	65.7	96.9	65.6	82.1	44.5
200	100.0	83.9	100.0	85.6	100.0	100.0	93.5	54.5
220		100.0		100.0			100.0	100.0

3. 夏秋玉米共生后期

与前两个时期相比，夏秋玉米共生后期复合群体与平作群体的透光状况差

异甚小（表 4-10），尤其是群体基部和中部（0～100cm）的透光优势极小，反映出复合群体中共生作物争光矛盾突出。间套作种植特点的优势难以体现出来，这也是一麦三玉米模式突出矛盾之一。各时期透光率与高度之间的关系函数式为

日平均　　间套作种植：$Y = 5.32e^{0.0147h} (R = 0.9667^{**})$

　　　　　平作群体：　$Y = 6.56e^{0.0111h} (R = 0.9647^{**})$

8:00　　　间套作种植：$Y = 0.89e^{0.0234h} (R = 0.9667^{**})$

　　　　　平作种植：　$Y = 1.83e^{0.0169h} (R = 0.9829^{**})$

12:00　　间套作种植：$Y = 13.20e^{0.0102h} (R = 0.9334^{**})$

　　　　　平作种植：　$Y = 12.20e^{9.74 \times 10^{-3}h} (R = 0.9550^{**})$

16:00　　间套作种植：$Y = 48.625/(0.0448 + 3.0330e^{-0.0009h}) (R = 0.9790^{**})$

　　　　　平作种植：　$Y = 2.02e^{0.0174h} (R = 0.9790^{**})$

表 4-10　一麦三玉米复合群体与一麦一玉米平作群体的透光率（1995 年 9 月 4 日）

高度/cm	日平均		8:00		12:00		16:00	
	复合/%	平作/%	复合/%	平作/%	复合/%	平作/%	复合/%	平作/%
0	13.0	8.5	3.0	3.2	22.5	15.0	6.0	2.0
20	13.0	10.0	3.4	3.2	23.5	19.0	6.4	2.5
40	14.0	16.0	5.0	3.2	24.0	25.0	7.5	5.0
60	16.0	19.0	6.1	3.5	26.3	26.0	8.0	6.7
80	19.0	21.0	9.7	3.9	30.30	28.0	8.3	8.2
100	20.0	22.0	11.3	6.0	30.2	30.0	12.0	10.0
120	27.0	23.0	15.0	7.0	38.0	33.0	18.5	12.3
140	32.0	28.0	25.0	14.0	41.0	35.0	22.5	16.7
160	56.0	33.0	35.0	35.0	72.7	55.0	45.5	20.3
180	83.0	40.5	56.7	40.0	91.0	75.0	86.6	33.3
200	100.0	64.8	100.0	54.0	95.0	100.0	100.0	58.3
220		100.0		100.0		100.0		100.0

　　总体来看，在主要作物生育期间光在空间的垂直分布，间套作种植优于平作种植，主要表现于光在群体冠层上、中、下层分布均匀化，使群体冠层上下间套作受光。当太阳高度角低时，大部分辐射能由群体的上部冠层截获；当太阳高度角较高时，则由上、中、下各层共同完成，从而弥补了平作群体在光分布上的"上饱下饥"的不足。而且，复合群体内高低位作物高度差越大，则其光分布越优于平作种植（如 7 月 12 日）；若高度差小或两共生作物高度持平（如 9 月 4

日），则复合群体接近平作群体。当然，复合群体整体上的优势主要体现在高位作物上，但低位作物的采光劣势也是不可忽视的。

三、复合冠层结构有利于降低群体消光系数

表 4-11、表 4-12 是夏玉米与秋玉米共生前期、后期复合群体与平作群体的消光状况。比较复合群体在共生前期与共生后期在不同高度层次的消光系数，可以得出如下结论。

1）无论是共生初期，还是共生后期，复合群体的消光系数日平均值均小于平作。例如：高度差较大的 7 月 28 日，复合群体为 0.25，是平作群体的 0.37 的 67.6%；而高度差较小的 9 月 4 日，复合群体为 0.39，是平作群体的 0.47 的 83.0%，表明复合群体所形成的高低相间结构消光率低，且带内共生作物株高差越大，趋势越明显。

2）群体消光系数是单位 LAI 引起的群体透光率减少的对数值。复合群体总 LAI 大于平作群体，而消光系数小于平作群体，说明单位叶面积的消光量小于平作，从另一个角度再次表明了复合群体所形成的多层次镶嵌结构，LAI 容纳量高。根据 Beer 定律 $I/I_0 = e^{-KF}$ 可以推论，在保持等同透光状况下，7 月 28 日，复合群体允许容纳的适宜 LAI 是平作群体的 1.48 倍（即 $F_复/F_平 = K_平/K_复 = 0.37/0.25 = 1.48$）；9 月 4 日，复合群体可容纳的适宜 LAI 是平作群体的 1.21 倍，这是复合群体能够在维持较高叶面积情况下光分布仍能改善的内在原因。

表 4-11　复合群体与平作群体的消光系数（1995 年 7 月 28 日）

高度/cm	日平均		8：00		12：00		16：00	
	复合	平作	复合	平作	复合	平作	复合	平作
40	0.22	0.37	0.36	0.63	0.15	0.27	—	0.62
60	0.19	0.35	0.34	0.57	0.35	0.25	0.26	0.61
80	0.21	0.33	0.37	0.46	0.12	0.23	0.27	0.59
100	0.24	0.38	0.44	0.51	0.14	0.26	0.25	0.59
120	0.28	0.38	0.52	0.48	0.16	0.28	0.26	0.50
140	0.29	0.42	0.62	0.31	0.15	0.34	0.28	0.52
160	0.30	0.48	0.62	0.38	0.16	0.37	0.28	0.56
180	0.28	0.42	0.46	0.31	0.08	0.31	0.20	0.59
200	—	0.21	—	0.19	—	—	0.19	0.72
平均	0.25	0.37	0.47	0.43	0.16	0.24	0.24	0.59

注："—"表示无数据。

表 4-12　复合群体与平作群体的消光系数（1995 年 9 月 4 日）

高度/cm	日平均		8：00		12：00		16：00	
	复合	平作	复合	平作	复合	平作	复合	平作
60	0.43	0.38	0.65	0.77	0.31	0.31	0.62	0.65
80	0.41	0.37	0.57	0.46	0.30	0.30	0.61	0.64
100	0.43	0.39	0.59	0.77	0.32	0.33	0.67	0.64
120	0.42	0.42	0.60	0.88	0.38	0.35	0.67	0.67
140	0.44	0.43	0.73	0.90	0.37	0.37	0.65	0.60
160	0.30	0.52	0.70	0.81	0.45	0.43	0.76	0.66
180	0.43	0.59	0.78	0.56	0.23	0.32	0.59	0.85
200	0.24	0.66	0.74	0.67	0.12	0.21	0.19	0.81
平均	0.39	0.47	0.67	0.73	0.31	0.33	0.60	0.69

第六节　提高光截获能力

　　一般情况下，透光率与截光率往往是矛盾的，如小麦、玉米平作群体生长盛期常因截光率提高而降低群体内透光状况，但在间套作种植复合冠层结构下，在透光状况改善的同时，截光率也能增加。从笔者对一麦三玉米、一麦二玉米、一麦一玉米种植模式年截光动态分析可见，一麦三玉米间套作种植有以下两个特点。

一、截光率高

　　表 4-13 是不同种植模式 4～9 月期间群体直射光截光面积率比较。直射光截光面积率（％）＝100％－直射光漏光面积率（％），其中，直射光漏光面积率是按正午 12：00 群体底部光斑面积占群体总占地面积之比计算得出。一麦三玉米间套作种植模式截光率最高，各时段加权平均，截光率高达 67.2％，一麦二玉米模式为 60.2％，一麦一玉米模式为 53.5％，显示出了间套作种植在主要作物生育期上的截光优势。

表 4-13　不同种植模式光截获率时段变化

	4/8～5/20	5/21～6/10	6/11～7/15	7/16～9/15	平均
经历天数/d	42	20	35	60	
一麦三玉米	71.9	58.6	60.2	70.9	67.2
一麦二玉米	65.7	50.2	58.3	60.8	60.2
一麦一玉米	70.7	32.1	28.5	63.2	53.5

　　注：表中日期表示方法为月/日。

二、稳定性好，截光时间长

图 4-12 是不同种植模式截光率随时间变化状况。由图可见，一麦三玉米、一麦二玉米间套作种植截光率的峰谷值变幅小，稳定在 60%～90% 的范围。一麦一玉米平作截光率的峰谷值差异大，峰值超过 90% 以上，谷值为 0，4～9 月期间田间截光率波动较大。不同种植模式其截光率的稳定性差异较大，究其原因有两个方面：其一是因为一麦三玉米模式田间自始至终保持较高的覆盖度，作物接茬期间田间仍有另一作物存在，使田间仍保持一定高的截光率；其二是由于通过营养钵育苗移栽，缩短了苗期生长的时间，使共生作物从一开始便有一定的截光能力，并能尽快地达到较高的截光率。

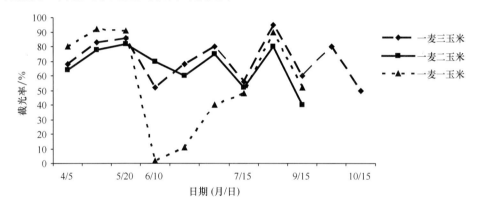

图 4-12　不同种植模式的截光率变化动态（1995 年）

与其他两种模式相比较，一麦三玉米模式的另一个优点是截光时间较长。9 月下旬～10 月上旬正值秋玉米生殖生长阶段，从而有效地利用了晚秋季节的光热水资源。

第七节　棉田多熟增产机理分析

3：2：3：2 式模式能够大幅度地提高棉花产量，为此笔者对其增产的机理进行了系统的研究。以下着重从小麦收获后的棉花生长期间进行有关分析。

一、不同棉田多熟模式 LAI 的消长动态比较

由表 4-14 可见，不同棉田多熟模式的棉花 LAI 消长动态明显不同。①小麦收获后，3：2：3：2 式复合群体表现为 LAI 基数高，伏前叶面积增长速度快，伏期保持稳定递增，伏后期表现稳中有降；②3：2 式表现为前期群体叶面积发展较适，而中后期叶面积过大，叶片相互遮阴严重；③6：2：2 式表现为前期群

体 LAI 较小，伏期群体叶面积增长速度快，坐桃期群体 LAI 过大。从不同棉田多熟模式的 LAI 消长动态与棉花蕾铃发育关系来看，3∶2∶3∶2 式的群体叶面积发展动态有利于发挥其复合群体中的短季棉、中熟棉的蕾铃发育。复合群体 LAI 较小的前期有利于短季棉的坐桃，发挥短季棉早发早熟的优势，在中熟棉坐桃集中期，短季棉的 LAI 开始下降，有利于中熟棉的坐桃。3∶2∶3∶2 式复合群体的短季棉与中熟棉 LAI 消长的异步性与蕾铃发育的交错性有效结合，可从整体上使两者优势互补，提高全田的亩成铃数；3∶2 式的叶面积高峰期出现在集中坐桃期，过高的 LAI 易导致群体郁蔽，不利于坐桃；6∶2∶2 式的短季棉于麦收后移栽，其主要生长期 LAI 消长动态与中熟棉一致，蕾铃发育的集中期表现出重叠性，6∶2∶2 式复合群体的这种短季棉与中熟棉叶面积消长的同步性与蕾铃发育的重叠性特性的结合，从整体上来看，既不利于短季棉早发早熟优势的发挥，又不利于中熟棉晚发晚熟特性的拓展，两者表现出相互抑制，不利于增加全田棉铃总数和单铃重，因此，与 3∶2 式相比，6∶2∶2 式从整体上反而表现为劣势。

表 4-14　不同棉田多熟模式棉花 LAI 消长动态（1995 年）

模式	6/10	7/16	7/28	8/8	8/18	9/10	9/20
3∶2∶3∶2	0.70	3.44	4.32	4.14	4.02	2.33	2.00
3∶2	0.55	3.30	4.81	4.60	4.35	3.20	2.50
6∶2∶2	0.50	2.90	4.22	4.52	4.52	3.86	2.80

注：表中日期表示方法为月/日。

二、短季棉、中熟棉复合群体作物间相互关系比较

短季棉、中熟棉品种从生育期、株形、生长发育特征、特性上具有一定的差异，在二者组成的复合群体中占有不同的生态位，若通过合理的田间配置就有可能充分利用其生态位上的差异发挥其基础生态位上的差异，从而获得高于单作的超额产量；若田间配置不合理，则有可能使两种生态位重叠，引起竞争，激化矛盾，从而导致减产。

从时间关系上来看，①3∶2∶3∶2 式早熟棉、中熟棉共生期为 6 月 10 日～9 月 10 日，共生期达 90 天，两者生育期相差 40 天，结桃时间交错。短季棉能早发早熟，充分利用了 6～9 月份的自然条件。中熟棉能晚发晚熟，可有效利用短季棉收获后的 9～10 月份的时间和空间，发挥其后期结桃多的优势；②6∶2∶2 式短季棉、中熟棉共生期为 6 月 10 日～10 月 10 日，共生期达 120 天，且两者成熟期基本一致，结桃时间重叠；生长发育的高峰期一致，从而使整个共生期间短季棉、中熟棉之间从时间关系表现为以竞争关系为主。从群体的竞争互补关系看，3∶2 式棉花前期窄行封垄早，后期宽行果枝交错，果枝间互相遮阴严重，种

内竞争发生时间早，持续时间长；3∶2∶3∶2式短季棉与中熟棉复合群体中，麦收后短季棉、中熟棉共生期48天，种间竞争刚开始（7月18日），此时短季棉产量已基本形成，而当种间竞争加强时（9月初），短季棉已接近收获，即短季棉与中熟棉之间的竞争与互补关系较为协调，从而使整个复合群体优势互补，整体优化；6∶2∶2式短季棉与中熟棉复合群体中，短季棉栽后15天种间竞争就开始发生，并一直延续至短季棉收获期，表现为竞争时间长、短季棉受影响大，不利于短季棉的生长发育。从单株蕾铃发育情况来看（表4-15～表4-17），3∶2∶3∶2式的短季棉伏前成铃达5.57个，占全生育期成铃数的62.6%，中熟棉为1.95个，占总成铃数的11.9%；而6∶2∶2式的短季棉无伏前成铃，其蕾铃基本上是在伏期和秋季成铃的。

表 4-15　不同棉田多熟模式的短季棉、中熟棉的蕾铃发育进程

模式	作物	现蕾始期	开花始期	吐絮始期	成熟期
3∶2∶3∶2	短季棉	5/25	6/17	8/1	9/10
6∶2∶2	短季棉	7/4	7/22	9/2	10/10
	中熟棉	6/10	6/26	8/22	10/10

注：表中日期表示方法为月/日。

表 4-16　不同棉田多熟模式伏前期棉花单株蕾铃发育状况（1995年7月15日）

模式	作物	成铃/个	幼铃/个	蕾数/个	花数/个	果枝数/个
3∶2∶3∶2	短季棉	5.57	3.75	17.0	1.52	12.1
	中熟棉	1.95	2.58	2.52	1.17	12.1
6∶2∶2	短季棉	0	0	8.0	0	4.0
	中熟棉	2.35	2.60	25.9	1.00	12.3
3∶2	中熟棉	2.25	2.45	23.6	2.00	11.4

表 4-17　不同棉田多熟模式秋季单株蕾铃状况（1995年9月10日）

模式	作物	成铃/个	幼铃/个	蕾数/个	花数/个	果枝数/个
3∶2∶3∶2	短季棉	8.9	0.1	0.1	0	14.3
	中熟棉	16.4	1.0	2.0	0.6	21.8
6∶2∶2	短季棉	5.2	2.0	5.0	7.0	13.6
	中熟棉	12.3	0.6	1.7	0.2	22.0
3∶2	中熟棉	13.8	0.3	1.0	0	20.3

三、群体冠层结构与光分布特征比较

由于不同模式棉花的生长发育动态变化特点不同，因此不同模式所形成的田间冠层结构表现特征差别很大。从棉田封垄后的田间结构来看，3∶2式群体形成近似平面结构；3∶2∶3∶2式由于短季棉与中熟棉的株高差在0～40cm范围内，且短季棉、中熟棉间距较大，共生期间果枝交互重叠较少，其复合群体田间结构表现为由两个波峰值大小不同的波组成的波浪式结构；对于6∶2∶2式复合群体来说，整个共生期间短季棉、中熟棉的株高差在30～80cm范围内，且短季棉、中熟棉间距较小，共生期间中熟棉果枝横向伸展至短季棉种植行，两者果枝交互重叠，其田间表现为倒伞形或"V"形。

从主要生育时期不同模式的冠层光分布状况来看（表4-18），在所有测定期，3∶2∶3∶2式复合群体冠层中下部照光状况均优于3∶2式，表现为光在冠层的垂向空间分布呈均匀化趋势，特别是中熟棉生长后期，此时短季棉已收获，3∶2∶3∶2式大行间光照状况改善更大，从而避免了3∶2式中熟棉因共生后期叶面积过大而导致冠层郁蔽的不足，有利于上三果枝和盖顶桃的形成；从6∶2∶2式复合群体冠层光照状况来看，冠层中下部光照在短季棉、中熟棉坐桃集中期较3∶2式的差，严重影响了处于低位的短季棉的坐铃与铃的正常发育。

表4-18　不同棉田多熟模式群体冠层透光率分布状况　　　（单位:%）

日期	3∶2∶3∶2			6∶2∶2			3∶2		
（月/日）	上层	中层	下层	上层	中层	下层	上层	中层	下层
7/16	70	9	4	74	14	7	65	8	3
7/28	35	5	2	40	4	1	30	3	1
8/18	26	9	2	23	6	1	24	6	2
9/10	41	10	8	20	3	2	22	4	3

注：表中上层指冠层2/3高度处；中层指冠层1/2高度处；下层指冠层基部。

参 考 文 献

董宏儒,邓振铺.1981.带田光能分布特征的研究.中国农业科学,(1):69～79

顾慰连,戴俊英,刘俊明等.1985.玉米高产群体叶层结构和光分布与产量关系的研究.沈阳农学院学报,(2):1～8

赖众民.1985.马铃薯套玉米及玉米间大豆种植系统间套作优势研究.作物学报,(3):234～238

刘巽浩,牟正国.1981.华北平原地区麦田两熟的光能利用作物竞争与产量分析.作物学报,(1):63～71

刘巽浩,牟正国.1993.中国耕作制度.北京:农业出版社

刘中柱,刘克辉.1988.体农业原理与技术.福州:福建科学技术出版社

卢良恕.1993.中国立体农业模式.郑州:河南科学技术出版社

潘学标,邓绍华,崔秀稳等.1993.麦棉套种方式对棉行辐射分布及棉株生长的影响.中国农业小气候研究进

展. 北京:气象出版社

逄焕成. 1996. 一种集约多熟超高产模式的探讨——沟县一麦三玉的机理与技术. 中国农业大学博士学位论文

逄焕成,陈阜. 1998. 淮平原不同多熟模式生产力特征与资源利用效率研究. 自然资源学报,3:198~205

逄焕成,陈阜,高喜等. 1997. 麦套短季棉与中熟棉高产模式的探索. 棉花学报,5:267~272

裴炎,邱晓,刘明钊. 1988. 棉花冠层结构与光合作用研究. 作物学报,(3):214~220

沈秀英,舒克孝,刘俊文. 1981. 麦棉套种技术之初步研究. 作物学报,7(2):91~100

沈学年,刘巽浩. 1983. 多熟种植. 北京:农业出版社

苏书文,高合明,郭新林. 1990. 不同叶夹角玉米杂交种产量潜势的研究. 作物学报,16 (04):364~372

王树安,费槐林. 1994. 中国吨粮田建设. 北京:北京农业大学出版社

王廷颐,陆景淮,陈玉泉. 1982. 水稻群叶光照度的测定和计算方法研究. 作物学报,4:277~283

中国农业科学院棉花研究所. 1983. 中国棉花栽培学. 上海:上海科学技术出版社

Andrew DJ, Kassam AH. 1976. The importance of multiple cropping in increasing world food supplies. *In*: Papendick RI, Sanchez PA, Triple GB. Multiple Cropping . Wisconsin: Wisconsin University Press

Campbell GS. 1990. Derivation of an angle density function for canopies with ellipsoidal leaf angle distributions. Agricultural and Forest Meteorology, 49:173~176

Moss D, Musgrave RB, Lemon ER. 1961. Photosynthesis under field conditions. III. Some effects of light, carbon dioxide, temperature, and soil moisture on photosynthesis, respiration and transpiration of corn. Crop Sci. ,1: 83~87

Wilson JW. 1967. Stand structure and light penetration. III. Sunlit foliage area. J. Appl. Ecol, 4:159~165

第五章　多熟超高产模式关键调控技术

从整体上来看，一麦三玉米复合群体表现为优势，但群体内自始至终都存在着各种时空竞争矛盾，既有种内竞争也有种间竞争，有同时共生的作物间的矛盾，也有时间上前后接茬的矛盾。深入了解这些作物间竞争关系，有助于选择技术措施进行调整以达到稳产高产的目的。本章重点从复合群体各作物间在时间与空间的竞争关系，以及共生作物中低位作物受影响的状况进行分析，来探讨一麦三玉米种植模式各作物的竞争关系特征。

第一节　复合群体种间时空竞争关系

一、时间关系上表现为共生期过长，接茬时间紧张

从冬小麦前一年 10 月 20 日播种至翌年秋玉米于 10 月 10 日收获，一麦三玉米间套作种植的作物年总生长期达 355 天，接近于"满负荷"运转，时间利用强度近饱和。图 5-1 是一麦一玉米、一麦二玉米、一麦三玉米种植模式的作物历。由图可见，不同种植模式作物间在时间上的关系是不同的。一麦一玉米模式作物间的关系最为简单，只存在接茬关系，基本上无时间上的竞争矛盾；随着作物种植茬数的增多，产生了时间上的竞争矛盾。不仅有前后作物接茬期的矛盾，而且还有共生期的竞争。如一麦二玉米模式存在着小麦与春玉米、春玉米与夏玉米之间共生期的矛盾，也存在着小麦与夏玉米之间的接茬矛盾。而一麦三玉米模式各作物之间时间竞争矛盾更为突出。从共生关系来看，存在着小麦与春玉米、春玉米与夏玉米、夏玉米与秋玉米之间的竞争；从接茬关系来看，存在着小麦与夏玉米、春玉米与秋玉米之间的矛盾。比较三种种植模式来看，一麦三玉米模式时间利用强度最高，时间竞争矛盾也最为激烈，表现在：①共生期长。自 4 月上旬小麦春玉米共生始期至夏玉米收获夏秋玉米共生末期，共生期总计长达 160 天，占模式总生育期的 45%，春玉米、夏玉米一直处于与前后作物共生之中。从作物的共生期来看，小麦与春玉米、春玉米与夏玉米、夏玉米与秋玉米共生期分别为 58 天、33 天、60 天，分别占春玉米、夏玉米、秋玉米生长期的 61%、34%、69%。②接茬时间紧张。突出表现在春玉米与秋玉米生长期竞争矛盾上，从 4 月至 10 月上中旬的 180~190 天内要满足两茬玉米正常成熟，在季节衔接上矛盾较大。从气候条件来看，河南省扶沟县常年稳定通过 10℃ 温度的始期为 3 月 31 日，但春季常出现"倒春寒"现象，因此春玉米适播栽期不宜过早。但是，若春

玉米迟播，则将导致成熟收获期亦向后推迟，从而形成一茬晚、茬茬晚的不利局面，又不利于秋玉米稳产高产，因此，只有采取适当技术调控措施，才能缓解两者之间的争季节的矛盾。

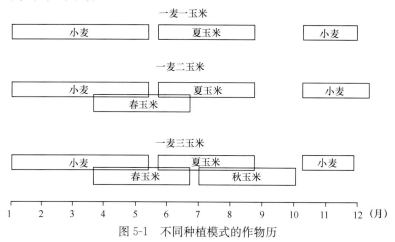

图 5-1　不同种植模式的作物历

二、空间关系上表现出的高度差动态变化状况

由图 5-2 可见，由于各作物播种、移栽、作物生长、收获等的变化，各作物在复合群体中的空间生态位相应随之改变。①从 4 月初到 5 月 20 日期间，冬小麦处于高位，株高差由 30cm 下降至 0cm。②从 5 月 20 日到小麦收获，春玉米升为高位作物，这时，冬小麦已达最大株高，株高保持定值（90cm 左右），而春玉米处于拔节—大喇叭口期，株高增长迅速，春玉米与冬小麦株高差由 0cm 升至 100cm。③夏玉米移栽后到春玉米收获期间，春玉米仍为高位作物，与夏玉米株高差由共生始期的 170cm 减少至共生末期的 30cm。④夏玉米与秋玉米共生期间，秋玉米一直处于低位状态，株高差由初期的 160cm 升至中期的 190cm 后又降至末期的 30cm。

复合群体共生的两个作物若有适当的高度差，整体上光能利用较为经济。据梁争光（1977）报道，在北纬 40°左右的地带，当基准作物株高为 2.5～2.6m 时，间套作中的两种作物的高度差以 0.93～1.17m 为宜。所以以株高差为 100cm 为划分标准，将株高差小于 100cm 定义为浅凸凹结构，为适度竞争阶段；株高差大于 100cm 定义为深凸凹结构，为过度竞争阶段，从 4～9 月份田间结构来看，其冠层空间复合结构变化为浅凸凹结构（4 月初～5 月 20 日）→平面结构（5 月 20 日）→浅凸凹结构（5 月 20 日～6 月 10 日）→深凸凹结构（6 月 10 日～6 月 25 日）→浅凸凹结构（6 月 25 日～7 月 15 日）→深凸凹结构（7 月 15 日～8 月 15 日）→浅凸凹结构（8 月 15 日～9 月 15 日）。综合来看，小麦与春玉米过度竞争阶段达 20 天，且正值小麦灌浆期，对其千粒重影响较大；春玉米与夏玉米过

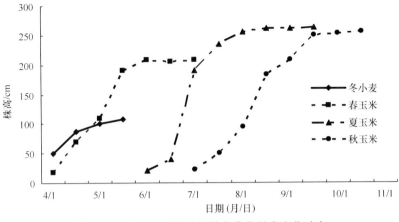

图 5-2　一麦三玉米复合群体各作物株高变化动态

度竞争阶段达 15 天，此时正值夏玉米苗期，对其营养生长有一定抑制，而对其生殖生长影响不大；夏玉米与秋玉米过度竞争期长达 30 天，不仅其营养生长受抑，而且雌雄穗分化、发育也受到一定程度的抑制。

从以上分析可见，一麦三玉米模式复合群体内空间竞争矛盾较大，必须在实践上采取协调其竞争矛盾的配套技术措施。

三、共生的低位作物日可照时间缩短

作物的株高差异影响低位作物一天中受直射光照射的时间。一麦三玉米模式不同时期各作物冠层日可照时间见表 5-1。

表 5-1　一麦三玉米种植方式全年不同时期各作物可照时间

日期（月/日）	间距/cm	株高差/cm	此期高位作物		此期低位作物		低位比高位少受光时间/h
			作物	可照时间/h	作物	可照时间/h	
4/10	40	30	小麦	12.00	春玉米	8.89	3.11
05/5	40	22	小麦	14.20	春玉米	12.80	1.40
5/20	40	0	小麦	14.20	春玉米	14.20	0.00
5/30	40	70	春玉米	14.24	小麦	9.30	4.94
6/10	40	95	春玉米	14.25	小麦	8.56	5.69
6/15	90	170	春玉米	14.25	夏玉米	5.86	8.39
6/30	90	147	春玉米	14.25	夏玉米	6.72	7.53
7/15	90	20	春玉米	14.49	夏玉米	12.56	1.93
7/20	90	160	夏玉米	14.49	秋玉米	6.05	8.44
7/30	90	190	夏玉米	14.49	秋玉米	5.15	9.34
8/5	90	175	夏玉米	13.73	秋玉米	5.40	8.33
8/20	90	70	夏玉米	13.73	秋玉米	8.79	4.94

续表

日期 （月/日）	间距 /cm	株高差 /cm	此期高位作物		此期低位作物		低位比高位 少受光时间 /h
			作物	可照时间 /h	作物	可照时间 /h	
8/30	90	45	夏玉米	13.73	秋玉米	9.56	4.17
9/10	90	30	夏玉米	12.42	秋玉米	10.73	1.69
9/15	90	0	夏玉米	12.92	秋玉米	12.42	0.50
10/10	—	—	秋玉米	11.65	—	—	—

1. 小麦春玉米共生期

小麦春玉米共生期前期，春玉米日可照时间为8.89h，至株高与小麦持平，增加到14.20h，与冬小麦相等，可照时间能保证春玉米的正常生长发育。后期，即冬小麦灌浆后15～20天开始，春玉米株高超过小麦，由于此时正值春玉米旺盛生长期，故高度差越来越大，小麦日可照时间越来越短（图5-3）。如5月30日边1行、边2行、边3行、中间行小麦可照时间分别为8.19h、8.93h、9.40h、9.75h，比平作小麦少6.05～4.49h。6月10日，边1行、边2行、边3行、中间行可照时间分别为7.22h、7.82h、8.25h、8.57h，比平作小麦少7.03～5.68h。因春玉米遮阴期正值小麦灌浆中后期，对小麦灌浆速度及千粒重影响较大，与平作小麦相比，边1行、边2行、边3行小麦千粒重分别降低29.4%、22.4%和14.7%（表5-2）。

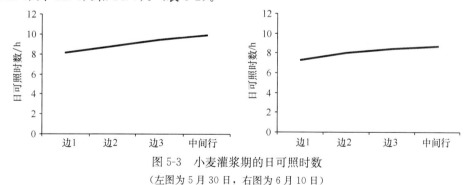

图 5-3　小麦灌浆期的日可照时数

（左图为5月30日，右图为6月10日）

表 5-2　春玉米遮阴对小麦灌浆与千粒重的影响

处理	平均灌浆速度 /[g/（千粒·d）]	千粒重 /g	较CK降低比例 /%
边1行	0.92	32.2	29.4
边2行	1.01	35.4	22.4
边3行	1.11	38.9	14.7
平作小麦（CK）	1.46	45.6	—

2. 春玉米与夏玉米共生期

春玉米与夏玉米共生期为春玉米开花授粉期,其株高基本达最大值,而夏玉米正处苗期—拔节期,对光照要求不高,加之此期正值黄淮海平原高光高热配合协调,总的来看,光照基本能保证夏玉米正常生长发育。共生始期,夏玉米日可照时间为 5.86h,比平作夏玉米少 8.39h,降低了 58.8%。之后,随着夏玉米株高迅速增长,两作物株高差变小,夏玉米可照时间加长。至共生的第 20 天,夏玉米日可照时间超过 8h。与春玉米共生末期,株高差缩小至 30cm,夏玉米日可照时间达 12.56h。

3. 夏玉米与秋玉米共生期

夏玉米与秋玉米共生期正值夏玉米旺盛生长期,夏玉米株高由 180cm 上升到最大高度 250cm,而秋玉米处于缓慢生长期,株高由 20cm 增至 60cm,夏秋玉米株高差由 160cm 增至 190cm,秋玉米日可照时间由共生始期(7 月 15 日)的 6.05h 降至中期(8 月 1 日)的 5.15h,比平作秋玉米少受光 8.44~9.34h,仅及日光照时间的 41.8%~35.5%,秋玉米生长发育受到抑制。至共生的第 35 天(8 月 20 日),秋玉米日光照时数才达到 8.79h,即共生期间有一半时间秋玉米是处于日光照不足的状态。若遇到 7、8、9 三个月,因以阴雨天气为主,日照百分率低,日可照时数更少,则对秋玉米的生长发育更为不利。如河南省扶沟县 1995 年 7、8、9 三个月的月日照时数分别为 165.1h、112.7h、145.1h,比常年值分别低 47.9h、113.8h、41.1h,共计少 202.8h,日平均少 2.3h,从而加重了秋玉米的受荫程度,表现为茎秆细弱、空秆率加大。1996 年 7、8、9 三个月日照状况分别为 214.1h、229.1h、184.2h,与多年平均值相近,秋玉米受光状况较 1995 年好,生长发育也好于 1995 年。

四、共生的低位作物受光量减少

由表 5-3 可见,低位作物由于受高位作物的遮阴,接受的总辐射减少。株高差越大,共生期越长,则低位作物受影响越大,所接受的辐射量越少。以冠层顶部所接受的日平均光照度与自然光照度比较,株高差达 100~175cm 时,低位作物受光量仅及自然光的 40.6%~48.7%,而株高差较小时,受光量基本接近自然光量。从日变化来看,低位作物上、下午受高位作物严重遮阴,受光率小,正午则基本相同(图 5-4,图 5-5)。

表 5-3 低位作物带冠层顶部日平均光照度状况

共生作物	日期（月/日）	低位作物	株高差/cm	自然光照度 (a)/万 lx	低位作物光照度 (b)/万 lx	(b/a)/%
小麦与玉米共生	5/30	小麦	80	6.08	4.26	70.1
春玉米与夏玉米共生	6/26	夏玉米	160	4.60	1.95	42.3
	7/9	夏玉米	100	6.33	3.08	48.6
夏玉米与秋玉米共生	7/28	秋玉米	175	7.47	3.03	40.6
	9/2	秋玉米	30	7.00	6.88	98.3

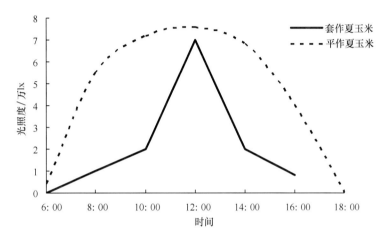

图 5-4 套作夏玉米与平作夏玉米冠层顶部光照度日变化
（1996 年 6 月 20 日，春玉米和夏玉米株高差为 180cm）

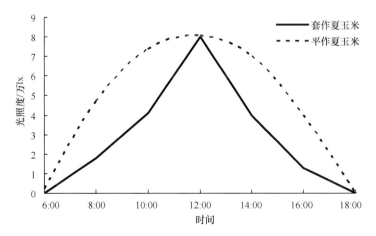

图 5-5 套作夏玉米与平作夏玉米冠层顶部光照度日变化
（1996 年 7 月 12 日，春玉米和夏玉米株高差为 80cm）

五、共生的低位作物生长发育受到抑制

从田间观察结果来看，处于低位的作物由于受高位作物的强大遮阴作用，受光时间、受光强度均下降，因而其生长发育也受到一定的抑制。高度差越大，对低位作物的遮阴越严重，低位作物长势则越差，这在玉米上表现最为突出（表5-4），表现为茎秆细弱，叶片长宽比变大，且处于低位的时间越长越严重。以一麦三玉米为例，作物共生期的时空关系如下。

表 5-4　低位作物生长发育受抑制状况

共生末期 (月/日)	低位作物	茎粗/cm		可见叶片数		叶长宽比		单株叶片面积/cm²		单株干重/g	
		对照	间套作	对照	间套作	对照	间套作	对照	间套作	对照	间套作
6/10	春玉米	3.10	2.80	19	18	8.5∶1	8.8∶1	5723	5111	55.7	50.3
7/15	夏玉米	2.70	1.90	14.3	12.5	9.5∶1	11.3∶1	5551	4740	62.0	42.6
9/15	秋玉米	2.40	1.60	19.0	19.0	10.2∶1	13.1∶1	3578	2919	68.3	53.6

注:对照是指不受高位作物遮阴下的数值,间套作为有高位作物遮阴下的数值。

1）春玉米与小麦共生的 2 个月间，两者交替成为高位作物，对春玉米来说，处于低位期时正值苗期，营养体小，生长慢，加之气温低，生殖生长尚未开始，因而对春玉米发育影响不大，对产量影响不显著。而对小麦来说，处于低位期正值灌浆期，对小麦产量影响较大。田间测定表明，春玉米叶片横向伸展一般达60cm，恰好遮住小麦的边 1 行与边 2 行，从而不利于边 1 行、边 2 行小麦灌浆，灌浆速度分别比中间行低 20％和 10％。

2）春玉米、夏玉米共生期为 1 个月左右，夏玉米处于苗期，主要进行营养生长，共生末期雄穗分化开始，总的来看，共生期对夏玉米营养生长影响较大，而对生殖生长影响较小。

3）秋玉米与夏玉米共生期长达 2 个月之久。从移栽至开花授粉，秋玉米始终处于夏玉米强大株高遮阴之下，对其营养生长和生殖生长均有较大的影响。此外，低位作物受抑制后，群体质量下降。作物收获期调查发现，与对照相比，在有高位作物遮阴下，夏玉米群体整齐度降低 5.8 个百分点，空秆率增加 3 个百分点，单株生物产量降低 35.8％；秋玉米群体整齐度降低 10.3 个百分点，空秆率增加 14.4 个百分点，单株生物产量降低 38.9％。

第二节　时空积——评价作物在复合群体中竞争态势的新概念

与单一作物群体相比，复合群体内作物之间存在互补关系的同时其竞争关系

更为复杂，而竞争关系处理的好坏与否直接关系到间套作的成效及复合群体生产力的高低。合理的间套作应尽可能发挥作物间的互补关系，抑制竞争关系，达到作物间协调与共生。因而，作物复合群体的竞争态势评价就成为间套作研究中的一个重要问题。国内外学者对此问题也作过不少研究与阐述，所采用的主要指标及评价方法如下所述。

1）土地当量比（land equivalent ratio）指的是在获得同等产量间套作与单作所需土地面积之比，也就是在单作条件下，为了生产同等产量所需的相对土地面积。

2）相对密集系数（relative crowding coefficient）是以两种共生作物实际产量与预期产量的比较来衡量间混作是否有增产效果。

3）侵占率（aggressivity）是以两种共生作物实际产量与预期产量的比较来评价作物间竞争结果，提出优势种与劣势种概念。

4）竞争指数（competition index）是用共生作物的密度及个体重量反映群体竞争的一个系数。系数大，则共生有利，系数小，则共生不利。

5）互补指数（reciprocity）与土地当量比类似，也是用间混套作产量与单作产量比较来评价竞争互补结果及增产效应。

但是，上述指标存在明显的几点不足。

1）多数用最终作物的产量结果。即用最终产量增减与否来评价套作作物复合群体态势，缺乏复合群体竞争的实质状况评价。

2）上述指标多数适用于间混作。即适用于两作物共生期较长的间混作复合群体。对于套作或间套复种复合群体的竞争态势评价缺乏科学性。

3）上述指标均为单项指标，或运用产量指标，或运用个体发育指标，不能较全面地评价复合群体竞争态势。

4）上述指标均为静态指标并多数为最终指标，不能反映间套作复合群体内竞争的动态变化，只能反映结果，不能反映产生结果的实质与原因。

因此，为了正确评价复合群体，尤其是间套复种复合群体，突出时空利用的复合群体内作物间竞争态势，笔者提出"时空积"这一指标来评价复合群体中共生作物的竞争态势。这是因为作物间竞争强度的大小主要取决于两个方面：一是两作物高度差与间距，即两作物在复合群体中所占据的空间场。高度差表示作物间在垂直方向上的相互关系，间距表示作物间在水平方向上的相互关系，两者结合构成了高位作物、低位作物在群体中的空间场位。高度差越大，间距越小，高位作物竞争优势度越大，低位作物竞争优势度越小；高度差越小，间距越大，两作物竞争优势度越接近单作（单作时作物竞争优势度为零）。二是共生期的长短，一般来说，共生期越长，高位作物竞争优势度越大，低位作物竞争优势度越小；共生期越短，两作物竞争优势度越接近，也接近于零，这两方面基本上反映出两作物在复合群体内的竞争状况。因此，用"时空积"这一指标能较全面地评价间、套、复种复合群体内竞争态势及各作物的竞争优势度。

时空积（S）可由作物高度差与共生期的积分与间距的倒数乘积方程求得，公式为

$$S = \frac{1}{D}\int_{t_i}^{t_j}(H_\alpha - H_\beta)\mathrm{d}t$$

式中：t_i 为共生始期；t_j 为共生终期；H_α 为高位作物株高；H_β 为低位作物株高；D 为间距。

因此，时空积可定义为在某一间距条件下复合群体内作物高度差与其共生期的积分。一方面，时空积有正有负。时空积为正值，表明该作物在复合群体中具有竞争优势度，正值越大，其竞争优势度越大；时空积为负值，表明该作物在复合群体中处于竞争劣势，负数的绝对值越大，表明该作物的竞争劣势越大；另一方面，对某一作物来说，时空积是动态变化的。在共生期的前期可能处于竞争优势，在共生期的后期可能会处于竞争劣势；反之亦然。对于多种作物的复合群体，某一作物与前作物共生时可能处于竞争劣势，与后一作物共生时又可能处于竞争优势。因而，用时空积不仅能够全面反映复合群体内各个作物的竞争态势状况，而且能反映出复合群体内作物竞争关系的实质。当然，时空积这一指标主要用来评价间作、套作及兼有间、套、复种特性的复合群体的作物竞争态势。对于混作（$D=0$）则不适用，也不适用于间距过大，以至于两种作物基本不存在竞争互补关系的极端情况。实际上，若间距过大，两作物互不相干，则事实上成为两种作物分别平作。下面以一麦三玉米为例，用时空积指标来评价各作物的竞争态势状况。一麦三玉米模式中各作物的时空积分别为：

冬小麦　$S_{冬小麦}=S_1-S_2=1.76-3.44=-1.68$

春玉米　$S_{春玉米}=S_3+S_2-S_1=8+3.44-1.76=9.68$

夏玉米　$S_{夏玉米}=S_4-S_3=14.5-8=6.5$

秋玉米　$S_{秋玉米}=-S_4=-14.5$

从总时空积来看，在一麦三玉米模式中，春玉米、夏玉米处于竞争优势，冬小麦、秋玉米处于竞争劣势。其中以春玉米的竞争优势度为最大，夏玉米的竞争优势度次之，秋玉米的竞争劣势度最大。

从各个生长发育时段来看，冬小麦在共生前期处于高位，时空积为+1.76，表现为竞争优势，而在共生后期处于低位，处于竞争劣势，时空积为-3.44；春玉米在共生前期处于低位，时空积为-1.76，表现为竞争劣势，而在共生后期处于高位，处于竞争优势，时空积为+8。夏玉米与春玉米共生阶段为低位作物，表现为竞争劣势，时空积为-8，而与秋玉米共生阶段为高位作物，表现为竞争优势，时空积为+14.5。秋玉米在与夏玉米共生的长达60天内一直处于低位，

其竞争劣势最突出，时空积为−14.5。由此可见，在一麦三玉米复合群体中，从共生作物的竞争态势看，小麦为前期优势，后期劣势，总体劣势；春玉米为前期劣势，后期优势，总体优势；夏玉米为前期劣势，后期优势，总体优势；秋玉米一直处于劣势。

时空积的大小综合反映了作物间的竞争关系强弱。从时空积来看，夏玉米与秋玉米之间是强竞争关系，春玉米与夏玉米之间是中度竞争关系，小麦与春玉米之间是弱竞争关系。因此必须从作物配置与技术手段上进行合理调控，变强竞争、中度竞争关系为弱竞争关系，才能保证各作物均衡增产，提高总体生产力。

第三节　复合群体种内竞争关系

一、不同密度下的种内竞争

种内竞争在密度和产量的关系上表现为密度越大，单株干重越小，在密度比较低时，随着密度增加，单位面积上的产量逐步增加，当密度达到一定程度后产量反而逐渐下降。所以，选择适宜的密度对减少种内竞争、提高作物产量是至关重要的。

1996 年进行的套种玉米密度试验表明，密度不同，玉米种内竞争出现的时间早晚不一。以春玉米为例，每亩种植 6600 株、4500 株、3300 株时，其内株间竞争发生时间分别出现在移栽后的第 12 天、26 天和 34 天。封小行的时间分别在移栽后的 15 天、30 天和 35 天。密度越大，种内竞争开始越早。从群体叶面积交叉重叠状况来看，移栽后一个月，叶面积重叠度分别为 12.4%、5.3% 和 0.0%。群体内叶片重叠越早，重叠度越高，其冠层光照状况越恶化。从春玉米开花期光照状况来看（表 5-5），过密处理日平均地表透光率仅为 4.1%，为低密处理和较适密度处理的 54.7% 和 83.7%。

表 5-5　不同密度下春玉米小行间光照状况（1996 年 6 月 5 日）

高度/cm	3300 株/亩		4500 株/亩		6600 株/亩	
	I/万 lx	(I/I_0)/%	I/万 lx	(I/I_0)/%	I/万 lx	(I/I_0)/%
0	0.53	7.5	0.31	4.9	0.26	4.1
40	0.68	9.4	0.24	3.7	0.18	2.9
80	0.84	12.1	0.42	6.5	0.22	3.1
120	1.20	17.9	0.68	10.7	0.49	7.1
160	2.18	30.8	3.06	34.1	1.61	23.4
200	5.74	84.1	5.58	79.1	5.19	75.4

种内竞争加剧的后果必然导致群体形成大小苗、整齐度下降、空秆率增加、单株生产力低（表5-6）。由表5-6可见，在低密度（每亩3300株）下，种内竞争较缓和，表现为空秆率低、单株生产力高；在过高密度（每亩6600株）下，种内关系恶化，表现为高空秆率、单株生产力低；在较适密度（每亩4500株）下，种内关系比较协调，表现为空秆率与单株生产力适中，群体产量较过低密度、过高密度的产量高10.8%～13.6%。从产量构成因素分析来看，密度过高时，虽然能增加穗数，然而穗粒数、千粒重却大大减少，反而比其他密度处理减产。

表5-6　不同密度下玉米产量比较（1996年）

作物	密度/(株/亩)	空秆率/%	小区穗数/穗	穗粒数/个	千粒重/g	小区产量/kg	产量比较/%
春玉米	6600	28.2	323	289	257	24.0	84.5
	4500	13.8	259	384	311	30.9	108.8
	3300	6.9	209	434	313	28.4	100
夏玉米	6600	20.6	357	349	259	32.3	105.6
	4500	10.0	270	457	280	34.5	112.7
	3300	9.0	204	528	284	30.6	100
秋玉米	6600	19.0	360	264	221	21.0	102.4
	4500	11.2	267	342	249	22.7	110.7
	3300	9.6	203	389	260	20.5	100
总计	6600	22.6	1040	300.7	245.8	77.3	97.2
	4500	11.7	796	394.3	280.0	88.1	110.8
	3300	8.5	616	450.2	285.8	79.5	100

二、不同田间配置下的种内竞争

作物田间配置不同，其种内竞争强度也不同，在带宽为3m、套作春玉米占地1.8m、密度为4500株/亩的情况下，做三种处理试验，结果如表5-7所示。由于行株距、种植行数不同，套作春玉米产量有明显差异。B处理的产量比A、C处理高8%～11%，其产量差异原因在于小行距、窄株距的玉米群体在田间的不均匀分布，导致套作春玉米种内竞争加剧。从三种配置方式来看，虽然春玉米单株可能占有面积均为1500cm²，但由于B处理春玉米单株营养面积更接近于正方形，个体间配置较适宜，有利于个体生产力的发挥，而A、C处理单株营养面积趋于长方形，群体内个体间竞争激烈，限制了个体生产力的发挥。

表 5-7　同一密度田间配置下春玉米的种内竞争产量结果

处理	空秆率/%	亩穗数/个	穗粒数/粒	千粒重/g	实收产量/(kg/亩)	产量比较/%
A	13.8	3879	456.2	291.6	516	100
B	9.8	4059	461.2	296.7	555	108
C	11.2	3996	440.9	284.3	501	97

注：A处理为种植3行，株距15cm，小行距40cm；B处理为种植4行，株距20cm，小行距40cm；C处理为种植4行，株距20cm，小行距30cm。

第四节　光在水平方向上的分布与边际优势、边际劣势的形成

一、光在水平方向上的分布不均匀化

平作群体由单一作物组成，群体表现为均质性。复合群体是由两种高低、生育期不同的作物复合而成，具有非均质性，反映在群体水平方向上光分布的不均匀化，即有高光区与低光区之分。从可照时间与总辐射再分配两方面看，高位作物带处于复合群体的高光区，日可照时间长，得到的辐射量多；低位作物带处于低光区，日可照时间较少，得到的辐射量少。

对一麦三玉米模式作物共生期间复合群体带内高位作物种植带、高低相间带、低位作物种植带的光照度状况测定发现，同一高度层次带内光分布呈倒"V"形，即高位作物小行间、低位作物小行间均存在低光区，高低交错带存在高光区，且越靠近基部，倒"V"形越明显，越靠近冠层顶部，差异越小（图5-6），表现出带内水平方向上光分布的非均匀性。如1995年9月4日夏玉米与秋

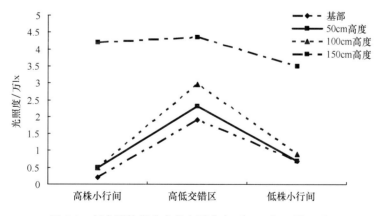

图 5-6　复合群体带内光的水平分布（1995年9月4日）

玉米共生期，0cm高度处高低交错区的光照度为1.89万lx，比高位作物小行间的0.26万lx高6.27倍，比低位作物小行间的0.62万lx高2.05倍；150cm高度处，光照度差距大大缩小，高低交错区的光照度仅比高位作物小行间、低位作物小行间分别高4.7%和26.6%。

二、边际优势、边际劣势的形成

在间套作种植复合群体内，作物关系上互补与竞争的一种特殊表现形式是边际效应，也是边际优势与边际劣势的问题，既有作物间的有利关系，也有种内与种间的竞争关系。在一麦三玉米模式中由于模式中各作物交替成为高位作物和低位作物，因而每种作物既有边际优势，也有边际劣势，从全年整体角度出发，协调每种作物的边际优势与边际劣势的关系成为能否获得季季增产、达到全年超高产的焦点。

边行与中间行的差异大小，即边中差，反映了群体中边际优势与边际劣势的程度。从小麦的边中差变化规律来看，自播种出苗至开花灌浆初期，间套作种植边行小麦光温水条件均较中间行优越，故在亩穗数、穗粒数等方面表现为边行优势。但在灌浆后期，由于空间生态位逆转，小麦群体表现为边行劣势。故边行小麦千粒重较中间行低（表5-8）。从最终产量的边中差来看，边行优势小于边行劣势，总体上表现为边际劣势。

表5-8　小麦的边际优势与边际劣势状况比较

处理	高位作物期		低位作物期			产量/g	经济系数
	穗数/穗	穗粒数/个	千粒重/g	灌浆速度/[g/(千粒·d)]	粒叶比/(g/cm²)		
边1行	200	37.7	32.2	0.92	10.478	242.8	0.33
边2行	166	40.3	35.4	1.01	13.381	236.8	0.40
中间行	158	41.7	38.9	1.11	13.433	256.3	0.43

研究发现，种植密度的大小对边际效应影响较大（表5-9）。以边中差为主要指标比较，密度越大，边中差越大。春玉米密度为6600株/亩时，空秆率边中差达12.5%，穗粒数边中差达18粒，千粒重边中差达25g；密度为4500株/亩时，空秆率边中差达8%，穗粒数边中差达10粒，千粒重边中差达13g；密度为3300株/亩时，空秆率边中差达3.5%，穗粒数边中差达3粒，千粒重边中差达11g。上述说明种植密度过大，边际优势越明显。

表 5-9　不同密度下春玉米边中差比较

密度/(株/亩)	空秆率/%			穗粒数/个			千粒重/g		
	边行	中行	差值	边行	中行	差值	边行	中行	差值
6600	42.0	36.5	12.5	295	277	18	265.5	240.5	25
4500	10.1	18.1	8.0	376	366	10	315	302	13
3300	6.3	9.8	3.5	443	440	3	315	304	11

第五节　多熟超高产模式的关键性调控技术对策

一、增强模式生态适应性的原则与技术

一个地区适宜的种植方式主要取决于当地的气候条件，其中热量条件是起影响的首要因素。它决定了要用的熟制、组成作物种类、品种以及所采取的综合调控措施与技术。

河南省扶沟县地处黄淮平原的豫东黄泛区，年太阳辐射总量为 5091MJ/m²，≥0℃积温为 5210℃，无霜期 220d。光热条件，能够满足一年两熟，热量略有盈余，提高复种指数尚有一定潜力。针对这种状况，如何通过增加复种指数、有效地集约利用丰富的光热资源、进一步提高单产是迫切需要探讨的问题，为此笔者进行了小麦//春玉米/夏玉米//秋玉米间套作种植的探索。从连续几年的试验研究来看，由传统的小麦—玉米一年两熟发展的小麦//春玉米/夏玉米//秋玉米一年四种四收，其增产潜力甚大，是有效利用光热资源的重要途径，但同时也产生了一系列的竞争和矛盾。为增强一麦三玉米模式的生态适应性，其品种搭配与生长期协调技术介绍如下。

1. 四茬作物在品种配套上，宜选择早熟—早中熟—中熟—早熟的品种搭配方式

从温度条件来看，依河南省扶沟县 1959～1995 年气象站资源统计，主要温度指标如下：①≥0℃积温为 5138.6～5292.4℃，平均为 5210℃；②≥10℃积温为 4563.4～4758.4℃，平均为 4693℃，10℃初终日分别为 3 月 31 日和 11 月 5 日，时长共 220 天；③稳定≥15℃积温为 3857.5～4063.2℃，平均为 3963.4℃，15℃初终日分别为 4 月 27 日和 10 月 1 日，共 160 天。

结合一麦三玉米模式来看，小麦 10 月下旬播种，5 月底至 6 月初成熟，历时 240～245 天，全生育期积温 2000～2200℃。小麦收获后接茬复种夏玉米，尚有 3000～3200℃积温，夏玉米可用中晚熟品种。而满足春玉米成熟收获后接茬复种秋玉米则积温较为不足，生长季节矛盾较大，以≥10℃温度为春玉米播种始

期（3月31日），10月10日为秋玉米收获期，那么春玉米与秋玉米两季作物总生育期为190天，此期间≥10℃积温为4300℃，从其品种搭配上要严格把握。表5-10是不同熟性春玉米与秋玉米品种搭配的气候适宜性。可见，若实行直播，则只能选用早熟—早熟品种搭配，若进行营养钵育苗移栽，可争取500℃积温，则可选用早熟—早熟、早熟—中熟品种搭配。而采用晚熟—晚熟搭配，所需积温与实际积温之差达−600～−800℃。1994～1996年品种搭配试验也表明，春玉米—秋玉米采用早熟品种'鲁原单14'—'鲁原单14'搭配，两者均能保证正常成熟时收获，而采用中晚熟品种'掖单13'—'掖单13'搭配，春玉米与秋玉米接茬时间矛盾较大，致使春玉米与秋玉米两季作物完全成熟度不够便需收获，从而导致千粒重降低，产量受到影响。因此从河南省扶沟县气候条件着眼，一麦三玉米模式四季作物的热量资源尚显不足。兼顾作物之间的共生关系和前后接茬关系，小麦、春玉米、夏玉米、秋玉米在品种搭配上宜采用早熟—早熟—中熟—早熟配套方式。

表 5-10　春玉米与秋玉米品种搭配的气候适宜性　　　　（单位：℃）

搭配方式	早熟—早熟	早熟—中熟	早熟—晚熟	中熟—中熟	中熟—晚熟	晚熟—晚熟
所需积温范围	4200～4600	4500～5100	4900～5100	4800～5600	5200～5600	5600
所需积温平均	4400	4800	5000	5200	5400	5600
育苗期积温	500	500	500	500	500	500
育苗后所需积温	3900	4300	4500	4700	4900	5100
3月31日至10月10日积温			4300			
所需积温与实际积温差值	400	0	−200	−400	−600	−800

　　从小麦、春玉米、夏玉米、秋玉米所处的气候条件来看（表5-11）：小麦生育期间光热条件适宜，生态适应性较好；春玉米苗期温度偏低，易受"倒春寒"危害，但拔节—成熟期光热条件优越，有利于获得高产；在夏玉米整个生育期间，光、热、水条件优越，是三季玉米中生态适应性最好的；秋玉米在开花授粉前及籽粒灌浆初期温度条件基本能够保证其正常生长，而灌浆后期易遇低温，特别是有的年份秋季气温骤降，影响秋玉米的正常灌浆。因此综合来看，小麦、夏玉米的温度生态适应性最好，春玉米次之，秋玉米较差。

表 5-11　一麦三玉米模式春玉米、夏玉米、秋玉米生育期间所处的温度条件

作物	生育期	温度/℃			抽丝—成熟/天
		出苗—拔节	开花—授粉	灌浆—成熟	
	适宜温度条件	15~24	24~26	22~24	—
春玉米	4 月上旬~7 月中旬	13.6~16.8	25.3~26.7	26.6~27.3	50
夏玉米	6 月上旬~9 月中旬	25.3~26.5	27.9~28.0	21.2~26.2	55
秋玉米	7 月中旬~10 月中旬	27.3~29.8	24.0~25.0	12.3~22.6	45

2.　采用育苗移栽、地膜覆盖、抢收抢栽等早发早熟技术措施

针对一麦三玉米四季作物连环套、前后作物共生、接茬时间紧张的特点，作物生长期调节的原则应该是前茬为后茬着想，茬茬为全年着想，既能超额利用有限的作物生育期，又能保证每茬作物生长旺盛期处于较佳的气候生态环境，达到稳产、高产的目的。调节的标准是尽可能使处于生殖生长阶段的作物处在共生作物的优势位置，以充分发挥其高光效性能。从共生期来看，小麦与春玉米达 60 天左右，春玉米与夏玉米达 30 天左右，夏玉米与秋玉米达 60 天左右，即光热水资源较丰富的 4~9 月份均有作物共生，从全年整个种植模式考虑，除选用适宜作物品种配套外，在技术方面进行调节的措施如下所述。

1）营养钵育苗移栽。河南省扶沟县早春地温低，作物生长发育缓慢，采用塑料薄膜营养钵育苗，可有效地利用早春光温，促进春玉米早发芽、早下地移栽，从而解决了直播春玉米播期过早易受低温危害、出苗时间长、苗期生长发育迟缓等问题，并缩短了春玉米与夏玉米的共生期。夏玉米于小麦收获前 10 天左右育苗，三叶一心期移栽至大田，可有效地缩短大田生长期，以提早成熟，缩短与秋玉米的共生期；为保证秋玉米的正常成熟，秋玉米最好也采用育苗移栽法，以保证秋玉米大部分灌浆时间保持在较适温度条件下。

2）春玉米实行地膜覆盖保护栽培，测定发现，春玉米地膜覆盖与露地栽培比较，可多争取 150℃的积温，提早抽雄 10 天，提前成熟 7 天。

3）环环扣紧，抢收抢栽，由于四茬作物季节性极强，作物间衔接紧张，因此在作物播种、移栽、收获时务必及时，以免影响前后茬作物布局和产量。

在一麦三玉米模式实践中，为了削弱复合群体内作物间的竞争关系，促进各季作物，特别是高位作物早熟早收是不容忽视的措施。在间套复种多作多熟情况下，更应予以注意。

综合来看，针对河南省扶沟县热量资源与生长期状况，增强一麦三玉米模式生态适应性必须突出一个"早"字。即在选用早熟品种的基础上，采用早发、早熟、早收的技术，削弱复合群体内作物在生长季节上的竞争矛盾。多年的试验表

明，协调季节竞争矛盾，春玉米是关键，春玉米移栽期应掌握在 4 月 5 日至 4 月 10 日，保证 7 月 15 日成熟收获，则可使三茬玉米均衡增产，而过早、过晚均不利。

二、复合群体空间结构协调技术与效果

从一麦三玉米复合群体各作物株高年动态变化来看，各作物在不同时期交替成为高位作物与低位作物，其复合群体自然形成的复合冠层结构动态是不尽合理的，表现为小麦灌浆中后期、夏玉米和秋玉米共生中后期呈倒伞形结构。连续几年的试验表明，协调一麦三玉米复合群体的空间高度差，控制好春玉米、夏玉米的株高是关键。春玉米前与小麦共生，后与夏玉米共生，其强大的株高既影响小麦正常灌浆，又不利于夏玉米苗期生长。适当控制春玉米株高有利于改善共生低位作物的受光状况。

1）协调小麦与春玉米空间高度差有两种方法：①春玉米适当晚播晚栽，使小麦成熟时春玉米不超过小麦 30cm 左右，则春玉米基本不影响小麦灌浆（表 5-12）。②春玉米于 8～9 叶期进行化控，每亩喷施缩节胺 4～5g，可有效地控制穗位以上节间的伸长，降低株高 50cm 左右。根据推算，在小麦灌浆至成熟的 5～6 月份期间，株高差每降低 20cm，小麦带内平均日见光时间增加 1.2h。综合全年种植方式的各作物来看，第一种方法不可行，因为延迟春玉米播栽期会影响秋玉米的生长成熟期。

表 5-12　控制春玉米和小麦间株高差与小麦千粒重的关系

株高差/cm	0	32	50
千粒重/g	47.05	45.28	42.36
降低比例/%	—	−3.76%	−9.97%

2）协调春玉米与夏玉米空间高度差有两种方法：一是主动控制，即在春玉米拔节以后喷施缩节胺、玉米健壮素等，以控制穗位以下的节间高度；二是被动控制，由于春玉米与夏玉米共生始期春玉米已经开花授粉，若此期将雄穗与顶二叶剪掉可降低株高 50～70cm。试验结果表明，剪去春玉米顶二叶以上器官，不但能改善春玉米冠层上下的透光状况，而且可减轻对夏玉米的遮阴。与不剪对照相比，春玉米授粉后去顶 1 叶、顶 2 叶、顶 3 叶后，穗粒数基本不变，千粒重分别降低 0%、2% 和 4%。夏玉米行日受光时间增加 1.7～2.4h，日平均光照强度增加 20%～25%。

3）夏玉米生长期正值黄淮平原光、热、水资源丰富期，因此夏玉米植株往往很高，常达 250cm，春玉米收获后接着复种秋玉米，此期夏玉米正处于旺盛生长期，因此在夏玉米和秋玉米共生初期两者的高度差仍在不断拉

大，如果不加以控制，秋玉米的苗期生长将严重受抑。采用的调控措施是一控一促：一控是指春玉米收获后夏玉米喷施缩节胺，或夏玉米开花授粉后剪顶二叶以上的器官，以降低株高；一促是指加强水肥管理，促进秋玉米生长，以缩小株高差。表 5-13 是夏玉米化控后（亩喷缩节胺 6g，株高降低 50cm）与对照（自然生长）对秋玉米的影响结果。

表 5-13　夏玉米控制株高对秋玉米受光状况及生长的影响

共生时期 /d	日受光时间/h			日平均光照强度 /万 lx			单株干重 /g		
	控制	不控	增加%	控制	不控	增加%	控制	不控	增加%
10	6.70	5.60	19.6	5.2	4.3	20.9	8.7	7.5	16.0
20	7.10	5.40	31.5	6.4	4.0	60.0	23.6	19.5	21.0
45	12.52	10.83	15.6	7.5	6.8	10.3	86.3	71.5	20.7
60	13.73	12.72	7.9	6.3	5.4	16.7	123.5	98.6	25.3

　　综合来看，协调各季作物空间光竞争的矛盾，关键是控制春玉米、夏玉米的株高，几年的试验表明，以化学控制为基础，结合剪顶二叶的措施来协调春玉米与夏玉米间、夏玉米与秋玉米间空间光竞争，基本能达到抑制竞争、促进互补的效果，高位作物减产较小，能够大幅增加低位作物的产量。从实践来看，春玉米、夏玉米株高控制在 180～200cm 是比较现实而有效的调控方法。

三、带型、间距与带幅调整的技术与效果

1. 最适带型的选择

　　表 5-14 是不同种植带型的产量结果。从全年产量来看，3.0m 带最高，3.5m 带次之，2.5m 带最差。相比而言，3.0m 带四季作物之间时、空、占地比关系较易协调，利于各作物均衡增产。2.5m 带突出表现在秋玉米与夏玉米种间竞争矛盾难以协调，秋玉米产量较低，因而从整体上年产量最低。3.5m 带除因小麦实播面积大、产量居首位外，春玉米、夏玉米、秋玉米产量均低于 3.0m 带，其主要原因是由于带型加宽以后，虽然种间竞争得到了一定的缓解，但加重了种内竞争矛盾，两者平衡为负值，因而从总体上来看，一麦三玉米的最佳带型为 3.0m。

表 5-14　不同种植带型产量结果　　　　　（单位：kg/亩）

带型	小麦	春玉米	夏玉米	秋玉米	总计
2.5m	338	412	390	107	1247
3.0m	325.0	490	396	256	1467
3.5m	357.0	427	352	258	1394

2. 间距与带幅的调整

一麦三玉米间套作种植各作物是以带状形式共生的，各作物的种植带、间距大小与种间竞争的强度有关。选择适宜的种植带幅与间距是协调作物之间竞争互补关系的关键。合理的带幅与间距有利于促进互补、减少竞争，从总体上改善生态环境。以 3.0m 带为例，小麦与春玉米的占地比例是一对矛盾，若小麦种植带幅过宽，势必影响春玉米的田间布局。通过适当压缩小麦的种植行数与占地面积，扩大春玉米的种植行数与占地面积，能够充分发挥 C4 作物（玉米）的高产性能，从总体上提高单位面积产量。1995～1996 年试验表明，小麦和春玉米行比由 9：2 调整至 6：3，占地比由 1.8：1.2 调整至 1.2：1.8，可收到显著增产效果，小麦产量减少，而春玉米大幅度增产。从各作物的间距来看，小麦与春玉米之间间距应以 40cm 为宜。如果间距过小，共生初期小麦对春玉米遮阴，种间竞争过早，春玉米易形成小弱苗；间距过大则易造成漏光，激化春玉米的种内竞争。就春玉米与夏玉米的间距而言，其适宜间距确定标准应以两作物共生期间漏光率低并能保证夏玉米正常生长发育为宜。大田观测结果表明，玉米植株定型后，中部叶片横向伸展平均长度为 60～65cm，因此确定春玉米与夏玉米适宜间距为 60cm，这样既可避开春玉米对夏玉米的过度遮阴，又可使共生中期两作物叶片嵌镶，集约利用光能。1995～1996 年试验表明，当春玉米、夏玉米间距为 90cm，夏玉米种植 2 行时，宽行间于正午时存在一条曝光带，而窄行间却拥挤不堪、透光不良，这种光在田间水平方面上分布的极不均匀化导致了窄行间形成低透光区，而宽行间截光率低。虽然这种模式减少了种间矛盾，却同时激化了种内竞争，不利于光能的集约利用。当调整至 60cm 间距种植 3 行夏玉米时，种间竞争与种内竞争能够得以协调，从而提高春玉米、夏玉米复合群体的生产力。对于夏玉米与秋玉米来说，由于两作物共生期长达两个月，共生期较春玉米、夏玉米之间增加 1 倍，且秋玉米整个穗分化期均处在共生期内，加之夏玉米株高秆大，因而夏玉米、秋玉米的间距宜大不宜小，秋玉米宜种植 2 行而不宜种植 3 行。从试验结果来看，秋玉米种植 2 行，夏玉米、秋玉米间距以 90cm 较好。当然，如果通过各种措施控制夏玉米株高，则夏玉米、秋玉米间距可适当缩小些。

总之，通过连续多年的研究，笔者认为，从全年整体增产着眼，3m 带型宜采用小麦：春玉米：夏玉米：秋玉米为 6：3：3：2 行比种植。小麦和春玉米间距 40cm，春玉米和夏玉米间距 60cm，夏玉米和秋玉米间距 90cm，能够协调竞争与互补关系，使各作物均衡增产。

四、复合群体适宜密度的选择

实行间套作种植后，采用扩大行距、缩小株距的办法以保证全田的总密度，但由此也产生了种内竞争矛盾。协调好种内竞争、充分发挥密植增产效应对实现全年高产、稳产具有重要作用。密度的问题，实质上是群体与个体的关系问题。1996 年一麦三玉米全程密度试验表明，密度过大，个体间竞争激烈，导致空秆率上升，单株生产力下降，结果群体产量并未提高；密度过低，单株生产力虽高，但由于亩穗数较少，群体产量不高。从产量结果来看，一麦三玉米中三季玉米的最适密度是春玉米 4500 株/亩、夏玉米 4500 株/亩、秋玉米 3300 株/亩，可见，适度竞争才能获得互补。综合来看，三季玉米复合总密度以 12 300 株/亩为宜。

五、优化复合群体的配套栽培技术

在一麦三玉米复合群体中，四季作物之间有相互促进的因素，同时也存在着相互制约的因素，因而其对栽培技术措施要求高。优良的栽培技术措施就是要把各季作物所需要的条件满足到最大限度，发挥有利因素，抑制不利因素，把矛盾调整到最小限度，使四季作物各得其所，各自发挥其最大生产力，达到季季增产，全年增产。

1. 掌握适宜苗龄移栽

育苗移栽的目的是缩短作物在大田的生育期，促进作物早发早熟，那么是不是移栽育苗龄越大越好？根据笔者研究，苗龄越大移栽时伤根越严重，移栽后缓苗时间越长；次生根损伤越严重，茎秆越细弱。三叶一心期移栽，次生根基本分布于营养钵体内，不易伤根。移栽后基本无缓苗期。

2. 精细管理，提高群体质量，力争季季均衡高产

一麦三玉米复合群体作物共生期长，竞争激烈，特别是苗期的光热条件均不良，因此更需加强管理，以缓解竞争，促进生长。做到苗匀、苗齐、苗壮，抓好全苗关。苗情是作物生长发育的基础，对玉米来说，苗期微小的生长差异可能会引起最终产量显著的差异。田间调查发现，在间套作情况下，株距缩小，个体间竞争激烈，大小苗混栽是导致小苗形成空秆的主要原因，因此，苗匀、苗齐、苗壮是形成高光效光合系统的前提。在笔者进行的几年试验中，春玉米、夏玉米、秋玉米空秆率高，亩穗数达不到设计要求标准，其主要原因就是苗情抓不好。田间调查发现，在株行距相同的情况下，苗匀、苗齐、苗壮的地段空秆率较低，在 5% 以下；而有大小苗存在的地段，空秆率却高达 15%～20%。可见，苗匀、苗齐、苗壮，减少弱株，降低空秆率，提高群体质量是季季作物增产的保证。

3. 加强水肥管理

一麦三玉米的作物由于竞争激烈，需要加强水肥管理促进作物生长发育。在作物共生盛期，因为增加植株密度，茂密的强大群体吸水、吸肥量大，容易造成水肥不足，应加强追肥和灌水以缓解水肥竞争。特别是夏玉米与秋玉米，分别是在冬小麦、春玉米收获后接茬移栽，由于前作水肥消耗巨大，若不及时补充水分、养分，加上地上部光照差，两者结合在一起使夏玉米、秋玉米处于极其不利的生长环境，处理不当易造成苗弱、苗细，形成高脚苗，甚至根本长不起来。待高秆作物成熟收获后，应加强管理，水肥猛促，以补足共生期间所受的亏损。

4. 积极防治病虫害

一麦三玉米模式由于其复合群体密度大，共生期长，所形成的阴湿小气候条件有利于病虫害的发生。特别是四季作物连续不断交替生长，为某些食性相同的害虫提供了连续的寄主源，若防治不及时，虫害极易大爆发。如1995年，由于防治不及时，春玉米上黏虫、玉米螟的植株为害率达50%，夏玉米达70%，秋玉米接近100%，不仅为害叶片，而且蛀茎秆，食幼穗，导致断秆、折穗，严重影响籽粒灌浆与产量。田间试验发现，对于虫害，特别要注意防重于治，控制虫口基数，不使虫害发生起来。1996年采用春玉米、夏玉米、秋玉米三季玉米拔节期颗粒剂防治与灌浆期喷药相结合的防治方法，虫害防治效果较好。对于病害，试验发现，春玉米、夏玉米病害较轻，主要在小麦与秋玉米上发生。小麦病害主要是白粉病、锈病、纹枯病等，要注意在小麦拔节后期搞好"一喷三防"工作，防止病源蔓延；秋玉米生长旺季正值高温、高湿期，玉米小叶斑病极易发生，需尽早采取措施加以控制，从目前来看，控制夏玉米和秋玉米株高差与药物综合治理是行之有效的办法。

六、模式适宜间套品种与播期的选择

间套作条件下的作物品种是否适宜是关系到间套作能否实现整体全年增产以及增产幅度大小的一个主要方面，特别是对于一麦三玉米这种在生长时间竞争矛盾突出的集约种植方式来说更显重要。为了使模式从整体上表现最优，在作物品种选择上既要前后照应，又要兼顾共生作物之间的关系，因此应立足于选择生长期较短的高产品种。为此笔者进行了小麦和春玉米品种选择的工作。

1. 小麦品种的选择

（1）生物产量比较

从生物产量来看，不同品种间的差异显著（表5-15）。以'白玉149'、'温麦 4 号'、'矮早 781'较高，'豫麦 18-64'最低。这说明在间套情况下，不同小麦品种其群体生产能力有着很大的差别。

表 5-15　不同小麦品种的生物产量比较

品种	生物产量/(kg/亩)	LSD$_{0.05}$差异显著性	LSD$_{0.01}$差异显著性
莱州 953	903	c	C
鲁麦 1 号	907	c	C
鲁麦 15 号	903	c	C
白玉 149	1080	a	A
941	912	c	C
豫麦 18-64	868	d	D
周麦 9 号	948	b	BC
温麦 4 号	990	b	B
百农 64	903	c	C
矮早 781	970	b	B

（2）经济产量比较

间套作条件下小麦品种的经济产量高低是代表其适宜间套程度的重要指标。表 5-16 的产量结果表明，'白玉 149'最高，'矮早 781'次之，'莱州 953'、'鲁麦 1 号'、'鲁麦 15 号'较差。品种差异显著性结果也表明不同小麦品种间经济产量有显著差异。

表 5-16　不同小麦品种的经济产量比较

品种	经济产量/(kg/亩)	LSD$_{0.05}$差异显著性	LSD$_{0.01}$差异显著性
莱州 953	399.3	e	D
鲁麦 1 号	401.9	e	D
鲁麦 15 号	404.2	e	D
白玉 149	519.2	a	A
941	445.5	d	C
豫麦 18-64	436.2	d	C
周麦 9 号	472.8	c	BC
温麦 4 号	430.0	d	C
百农 64	435.2	d	C
矮早 781	494.8	b	AB

（3）产量构成因素差异比较

表 5-17 是不同小麦品种的产量构成因素状况。从分蘖成穗、穗粒数、千粒重来看，'白玉 149'表现为群体穗数较少，但单株生产力高，表现为穗大、粒多、粒重；而'矮早 781'则表现为群体穗数多，但单株生产力较小。可见，实

现较高经济产量的途径是多种多样的,既可以从总穗数着手,也可以从粒数、粒重做起,关键是使产量构成三因素协调发展,才能达到最终产量最高。

表 5-17　不同小麦品种的产量构成因素比较

品种	亩穗数/穗	穗粒数/个	千粒重/g
莱州 953	237	45.2	37.28
鲁麦 1 号	270	41.9	35.53
鲁麦 15 号	231	42.7	40.98
白玉 149	202	57.8	44.46
941	273	50.8	32.12
豫麦 18-64	311	37.5	37.40
周麦 9 号	308	41.7	36.81
温麦 4 号	350	36.1	34.03
百农 64	252	46.7	36.98
矮早 781	355	39.9	34.93

(4) 其他性状比较

从不同小麦品种的其他植株性状来看(表 5-18),其差异也是明显的。'白玉 149'表现为有效小穗数多、穗较长,而株高略高,落黄性略差。'矮早 781'表现为植株较矮、落黄性好。'鲁麦 1 号'表现为贪青晚熟,成熟度较差。

表 5-18　不同小麦品种的植株性状比较

品种	有效小穗数/个	无效小穗数/个	穗长/cm	株高/cm	落黄性
莱州 953	19.0	1.6	8.5		＋
鲁麦 1 号	17.8	2.9	8.0	80.5	－
鲁麦 15 号	18.5	2.4	7.9	74.3	＋＋＋
白玉 149	20.0	1.4	9.8	92.5	＋＋
941	19.3	2.5	8.5	79.6	＋＋
豫麦 18-64	15.5	1.8	7.5	76.7	＋＋＋
周麦 9 号	17.4	2.2	7.5	70.0	＋＋＋
温麦 4 号	16.4	3.0	9.0	77.0	＋＋＋
百农 64	16.5	3.1	7.5	78.7	＋＋＋
矮早 781	16.2	1.9	7.4	74.8	＋＋＋

注:"－"表示贪青;"＋"表示落黄性一般;"＋＋"表示落黄性较好;"＋＋＋"表示落黄性好。

(5) 间套作条件下的小麦品种综合评价

在间套作条件下,小麦品种选择的标准应该是:具有较高的经济产量、株高不过高过低、成熟时落黄性好、抗病抗倒伏力强等特点。本试验中供试的 10 个品种抗病、抗倒伏能力基本相同。为此，笔者采用模糊综合评判法，以经济产量、株高、落黄性为评分指标，其权重分别为 0.6、0.2、0.2，建立模糊向量与模糊矩阵，得出综合评判结果（表 5-19）。

表 5-19　不同小麦品种的综合评判结果

品种	莱州953	鲁麦1号	鲁麦15	白玉149	941	豫麦18-64	周麦9号	温麦4号	百农64	矮早781
综合评分	0.706	0.657	0.725	0.852	0.833	0.794	0.848	0.790	0.786	0.843

由表 5-19 可见，从综合性状来看，在本试验供试品种中，以'白玉149'、'周麦9号'、'矮早781'较佳，'鲁麦1号'、'莱州953'、'鲁麦15号'较差，其他品种介于两者之间。

如前所述，一麦三玉米间套复合群体，四茬作物的生长各有其强烈的季节性，要求在有限的时间内使几种作物都能获得高产，除了在农时、作物共生期、带距、带比等方面进行合理搭配以外，选择适宜的作物品种尤为重要。一般来说，生长期长的品种对高产是有利的，但在多熟制下，考虑到下茬作物的适时栽种与共生作物的关系等方面，生育期过长的品种往往不适宜。从本试验来看，小麦是一年四作的第一熟，安排合理与否，既关系到小麦夺高产，又关系到全年生产的主动与被动的重要问题。种植生长期过长的品种（如'鲁麦1号'、'莱州953'），灌浆后期春玉米会超过小麦株高，小麦种植带光照不足，导致小麦灌浆不饱满而减产。此外，在小麦品种选择上还应顾及其株形等方面，以减少共生期间小麦与春玉米间的相互不利影响。因此，在小麦和玉米复合种植中，适宜的小麦品种应是具有早熟或灌浆速度快、株形紧凑、株高适中等特性的高产品种。

2. 春玉米适宜品种与适播期的选择

春玉米成熟期的早晚既关系到下茬秋玉米的播种期，又与共生的夏玉米共生时间长短相关。为此，利用早熟品种'鲁原单14'和'郑单8号'、中熟品种'郑单14'、晚熟品种'掖单13'进行了春玉米品种与播期试验。

播期试验结果表明，播期不同，春玉米的生长发育进程有很大的差别。综合来看，在地膜覆盖直播条件下，以'鲁原单14'为例，3月10日最佳。过早播种（3月1日播）因地温低、田间湿度高，易造成烂种，不易保证全苗；过晚播种则成熟期后移。田间观测发现，3月1日和3月10日播种处理，其抽雄期均为5月27日，成熟期均为7月10日。而3月20日、4月5日播种处理其抽雄期分别为6月4日、6月6日，推迟8天和10天；成熟期分别为7月20日和7月23日，推迟10天和13天。

品种试验结果发现，在播期相同的情况下，不同春玉米品种的成熟期早晚不一。如3月1日播种处理，'掖单13'和'郑单14'分别比'鲁原单14'晚成熟20天和15天，这与以前笔者在河南省扶沟县的试验结果是一致的。此外，同为早熟品种的'鲁原单14'和'郑单8号'在成熟期和产量上也有区别。大田试验结果表明，同为3月10日播种，'鲁原单14'成熟期早'郑单8号'8～10天，产量高12.5%。

综合来看，在目前情况下，一麦三玉米模式的春玉米以选用早熟品种'鲁原单14'并于3月10日左右播种为最优。

参 考 文 献

陈国平.1961.间混套作的理论基础及其实践意义.中国农业科学,(3):53～61

董宏儒,邓振镛.1981.带田光能分布特征的研究.中国农业科学,1:69～79

顾尉连,戴俊英,刘俊明等.1985.玉米高产群体叶层结构和光分布与产量关系的研究.沈阳农学院学报,2:1～8

侯中田.1978.套种两熟群体生态对环境资源的利用效果及其应用技术研究.东北农学院学报,3

黄文丁,章熙谷,唐荣南.1993.中国复合农业.南京:江苏科学技术出版社.58～68

赖众民.1985.马铃薯套玉米及玉米间大豆种植系统间套作优势研究.作物学报,3:234～238

梁争光.1977.从光能利用看农作物增产的途径.气象科技,(S2):39～40,47

刘巽浩,韩湘玲,孔扬庄.1981.华北平原地区麦田两熟的光能利用作物竞争与产量分析.作物学报,1:63～72

卢良恕.1993.中国立体农业模式.郑州:河南科学技术出版社

逄焕成.1994.国外间混套作物研究进展.世界农业,11:21～23

逄焕成.1994.小麦玉米套种共生期的气候生态效应与小麦边际效应分析.耕作与栽培,4:15～17

逄焕成.1995.玉米大豆间作复合群体光效应特征研究.耕作与栽培,4:4～6

逄焕成.1996.一种集约多熟超高产模式的探讨——河南扶沟县一麦三玉的机理与技术.中国农业大学博士学位论文

逄焕成,王慎强,蒋其鳌等.1998.麦玉多重复合种植下适宜间套的小麦品种选择.耕作与栽培,5:16～17

沈秀瑛,戴俊英,胡安畅.1993.玉米群体冠层特征与光截获及产量关系的研究.作物学报,3:246～252

徐庆章,王庆成,牛玉贞.1995.玉米株型与群体光合作用的关系研究.作物学报,5:492～496

张训忠,李伯航.1987.高肥力条件下夏玉米大豆间混作与补与竞争效应研究.中国农业科学,2:34～42

Francis CA.1986.间套多熟制.王在德译.北京:北京农业大学出版社

Crookston RK.1976.Intercropping:A new version of an old idea.Crops and Soils,9:373～376

Enyi BA.1973.Effects of intercropping maize or sorghum with cowpeas, pigeon peas or beans.Exp Agric,9

Fisher NM.1980.A limited objective approach to the design of agronomic experiments with mixed crops.In:Willey RW.Symposium on Intercropping.Kansas:Kansas University Press.125～136

Monteinth JL.1965.Light distribution and photosynthesis in field crops.Ann Bot NS,29:17～37

Rao MR.1962.Investigation on the type of cotton suitable for mixed cropping in the northern Indian.Field Crop Abstract,15:777～783

Trenbath BR.1974.Biomass productivity of mixtures.Adv.Agron,26:177～210

Vandermeer JH.1989.The Ecology of Intercropping.New York:Cambridge University Press

第六章　多熟超高产复合群体结构的构建规则

在对多熟复合群体结构的研究过程中，一些问题始终在困扰着我们。例如，怎样看待伞形结构与平面结构，怎样对待间套作中的高、低位关系，多熟复合群体的时间与空间关系如何得以统一、协调等，这些问题都直接关系到间套作多熟种植的成败以及增产效果的发挥。本章试图从多年来对多熟超高产种植模式的探索性实证研究，结合多熟种植的实际，在以上各章得出结果的基础上，对多熟复合群体结构的构建规则与相应的关键调控技术做一些探讨。

间、套、复种技术是充分利用光能、提高土地利用率的一种有效手段。特别是随着水肥等生产条件的改善，单位面积产量的高低将主要取决于光能利用状况，间、套、复种正是提高光能利用率的重要途径。国内外学者也从不同角度、不同侧面对此进行了研究，提出了诸如叶日积理论、生态位理论、竞争互补理论等，丰富了间、套、复种研究中的理论内涵。本研究将在此基础上，结合在河南省扶沟县和封丘县多熟超高产模式的实践，依据农田总体生产力最高原则，探讨多熟复合群体结构的构建规则。

第一节　不间断型复合伞形结构规则

伞形结构是间套作复合群体的重要特征。图 6-1 是一麦三玉米模式全年不同时期复合群体结构示意图。由图 6-1 可见，其复合群体结构表现为连续的复合伞形结构动态。综合来看，通过合理的间、套、移栽措施形成的不间断型复合伞形结构其优点主要是：①有利于增加叶面积。表现为 4~9 月期间平均 LAI 在 4 以上，比对照增加近 60%，且稳定性较好。②有利于增加照光叶面积。形成的伞形结构使群体比表面积增加 34%，4~9 月期间平均照光 LAI 大于 2，比对照增加 57%。③有利于增加截光率与透光率，从而缓和了两者的矛盾。在改善群体透光的同时，截光量仍不减。④有利于叶冠下移。在冠层叶面积密度空间分布上表现为叶面积垂向分布下移，有利于光在冠层中的下射，从而变平作的中午少面积（主要是冠层上部）受强光为复合群体的多面积（冠层上、中、下部）受中等光，达到了经济利用光能的目的。

由以上可见，较为理想的田间群体结构以及结构动态应该是在全年形成的一种不间断的、复合伞形结构。一麦三玉米是向着这种理想结构逼近的有效模式。这种结构以及结构动态不同于以下几种结构：①散柱形结构。大多数作物的苗

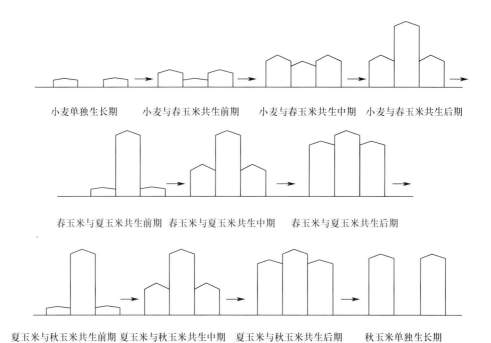

小麦单独生长期　　小麦与春玉米共生前期　　小麦与春玉米共生中期　小麦与春玉米共生后期

春玉米与夏玉米共生前期 春玉米与夏玉米共生中期　春玉米与夏玉米共生后期

夏玉米与秋玉米共生前期 夏玉米与秋玉米共生中期　夏玉米与秋玉米共生后期　　秋玉米单独生长期

图 6-1　　一麦三玉米模式不同共生阶段复合群体结构示意图

期，由于初始叶面积小，地表覆盖度低，因此在苗期相当长的一段时间呈散柱形结构，田间漏光多、截光少、光能浪费严重。如小麦、玉米等作物苗期漏光率均在 50%，甚至 70% 以上。②平顶形结构。在单作作物群体生长发育后期，群体基本呈平顶形结构，采光多集于冠层上部，而冠层中下部采光量大大减少，因此形成光在冠层的分布不均匀化，造成"上饱下饥"，光能利用不经济。③间断型结构。如小麦玉米复种两熟形式，小麦收获后，经过一段农耗期才能种植夏玉米，光能利用呈间断型，两作物接茬时间的光能被白白浪费掉。

第二节　复合群体的主客换位规则

这种复合伞形结构在有以上优点的同时，也产生了一些矛盾，主要表现在共生的高位作物对低位作物的遮阴上，使低位作物受光时间短，受光量减少，抑制其生长发育，特别是当进入生殖生长期时，仍处于低位，则可能危及到作物的正常生长发育进程及经济产量的形成过程。因而必须采用一些解决矛盾的调控办法，如选择耐阴与喜阳作物的品种进行搭配、适当控制高位作物的株高、促进低位作物的生长、加速实现低位作物在生殖生长期升为高位作物等。

　　复合群体作物之间的竞争关系表现在两个方面，一是共生作物在地上部的竞争，主要是光因子的竞争，即作物在时间与空间两维上的竞争；二是地下部的竞争，主要是水肥的竞争。在水肥供应充足的情况下，复合群体生产力的高低主要取决于两作物对光因子的竞争强度以及竞争结果上，亦即两作物在复合群体中分处的光生态位。对一麦三玉米而言，小麦、春玉米、夏玉米、秋玉米四茬作物都是喜光的，其基础生态位是基本相似的。从本质上讲，两作物共生时在基础生态位中的生态位重叠度大，共生时竞争矛盾较为突出，因此，在进行一麦三玉米复合群体作物配置时，必须按照生态位重叠的理论，考虑共生两作物的最大容许重叠程度。另外，尽管在一麦三玉米中共生对光资源的利用往往处于重叠状态，但每一种作物都有其一定的光饱和点，超过光饱和点的光实际上是无意义的。从作物群体的光合成与光照强度之间的关系来看，即使在光饱和点范围之内，两者之间并非全都表现为简单的直线关系。胡昌浩（1990）报道，大田自然条件下测得玉米群体光饱和点为 10 万 lx 左右。在 6 万 lx 以下，群体光合与光照呈直线关系；超过 6 万 lx 以后，光合成增加额递减，光合效率下降。Baker（1964）研究，在玉米苗期 LAI 为 0.36 时，自然条件下就出现光饱现象。就同一种作物而言，其不同生长发育阶段需光特性与光合成效率也不同。因此通过将对光资源利用相似的作物或品种间套在一起，利用两者存在的时间上、空间上的生态位分异现象以及对光资源需求各有特殊性，创造竞争势弱的生态环境，使两者共存共生，可以达到相对于平作增益的效果。由上可见，要使复合群体共生作物达到最大增益效果，必须尽可能地减少生态位重叠度，并利用不同作物在时间、空间上形成的生态位分异与不同生育阶段对光资源利用的异质性，使两种作物于弱竞争状态共存。结合一麦三玉米模式，根据多年的研究，笔者认为其共生作物的空间位应把握"高低换位规则"。①主体作物的生殖生长阶段与客体作物营养生长阶段相结合。利用客体作物苗期需光较少、生长慢的特点，使其处于低光生态位，适度光胁迫。利用主体作物生殖生长阶段生长量大、需强光、对产量贡献率大的特点，使其处于高光生态位，实现两者光生态位的高度耦合。②保证主、客体作物生殖生长期均处于最优光生境。小麦、玉米作物的干物质积累高峰期分别出现在挑旗—抽穗期和大喇叭口期—抽雄期，此期也是小麦、玉米由营养生长为中心向以生殖生长为中心的转变阶段，作物的最大 LAI、最大作物生长率、最大光能利用率值也出现在此阶段前后，因此在一麦三玉米作物配置与调控时，应尽可能保证这一阶段处于最优光生境状态。此外，此期正值小花分化期，是对光敏感期，其光生境的优劣与穗粒数密切相关，且作物经济产量的 2/3 以上来源于此期以后光合产物的积累，因此保证低位作物在此期之前由低位上升至高位、由客体变为主体、使之处于最优光生态位、适时实现主客体换位是非常必要的。

　　从作物需光特性、作物受光状况、田间截光、透光状况综合考虑，这种高低换位是合理的：共生前期，田间生长中心是高位作物，若形成高低结构则既有利于高位作物的上下透光，又可以充分利用低位作物需光量少的特性，能基本保持正常生长；至共生中期，随着低位作物需光量逐渐增大，若能形成高低作物达到接近持平的结构，则可既保持高位作物的采光优势，又可弱化低位作物的劣势。共生后期，田间生长中心逐渐由高位作物转为低位作物，此期为低位作物由营养生长向生殖生长过渡。若此期高度差仍过大，则将影响低位作物的生殖生长发育。若在共生后期由高低式结构转变为低高式结构，这时高位作物处于生长末期，叶面积迅速下降，光合功能减弱，而低位作物正处旺盛生长期，同化功能最强，则可基本实现生长中心与光生态位、主体作物与客体作物的同步转换。之后原高位作物成熟收获，再接着播栽下茬作物，即成为新的低位作物带，如此循环演替。故就一麦三玉米复合群体而言，理想的复合空间结构动态如下：冬小麦与春玉米、春玉米与夏玉米、夏玉米与秋玉米分别共生期间循环交替形成"前高低—中持平—后低高式"结构，从而形成主辅换位的不间断型伞形结构，这也是一麦三玉米模式调控的机理所在。

因此，复合群体空间结构的合理动态应该是：共生前期形成高低结构，共生中期形成接近持平式结构，共生后期形成低高式结构。即在共生阶段两种作物形成"前高低—中持平—后低高式"三阶段循环交替换位的群体结构动态（图 6-2，图 6-3B）。一麦三玉米模式，既能充分发挥高位作物的优势，又能保持高低位作物之间的弱竞争态势，从而保证低位作物的基本正常生长，达到整体生产力的提高，否则，低位作物将受抑严重，导致严重减产，整体效益不佳。

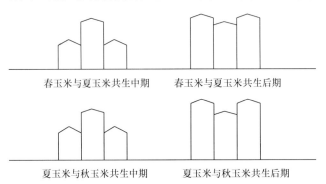

春玉米与夏玉米共生中期　　　　春玉米与夏玉米共生后期

夏玉米与秋玉米共生中期　　　　夏玉米与秋玉米共生后期

图 6-2　理想的复合群体空间结构动态
（注：其他时期同图 6-1）

由以上分析可见，这种高低换位动态的特点是：①它不同于高矮无差别型空间结构（图 6-3A）。如本研究中的一麦一玉米模式，其田间群体空间结构为均质性冠层高度随作物生长发育而升高。②它也不同于高低位不变型空间结构（图 6-3C），如 1995 年夏玉米、秋玉米共生期间，夏玉米株高一直高于秋玉米，使秋玉米一直处于低位劣势，影响其正常的生长发育。

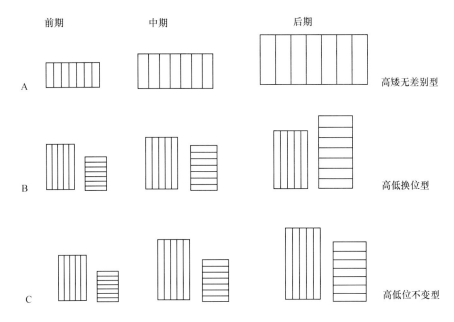

图 6-3　三种不同高低搭配空间结构形式

从一麦三玉米模式来看，小麦、春玉米共生期间能够自然达到高低换位状态，而春玉米、夏玉米、夏玉米及秋玉米的共生期间则不能自然形成这种高低换位，必须通过适当的调控手段才能实现这一目标。如 1996 年试验，通过对春玉米、夏玉米的株高采取化学控制以及人工控制的办法，在春玉米和夏玉米共生后期，使夏玉米由低位升至高位；在夏玉米和秋玉米共生后期，使秋玉米从低位转为高位。

第三节　时空统一规则

理想的田间光能利用状态是从平面、时间、空间三维的角度充分利用太阳能，即通常所说的"把地拓宽，把天拉长，一年当做两年用"。我国南北方大面积盛行的间、套、复种、间套作种植等人工复合群体均是从不同侧重面来达到提高光能利用率的有效手段。构建作物复合群体实质上是模拟自然界的群落成层规律与演替规律，充分利用时间与空间的方法。但与自然群落不同，作物复合群体不单是利用共生作物间的生态位差异以适应环境，更重要的是突出人工对复合群体结构以及结构走向的主动调控作用。因此从一定程度上讲，人工作物复合群体是一种模仿自然而胜于自然的光能利用方式。

　　在作物复合群体中，要达到共生作物共存共荣，作物间必须有适宜的时间差和空间差，即实现时间与空间上的协调统一。它不同于以下几种情形：①有空无时型。即两种共生作物中只存在空间上的差异而不存在时间上的差别。如华北地区的玉米大豆间作，这种作物组合导致上位作物受益增产，而下位作物受抑减产，其整体效益并未有多大提高。②有时无空型。即两种作物只存在时间上的差异而不存在空间上的差别。如小麦复种玉米即属于此类。虽然时间利用较充分，但空间利用不尽合理。③共生过长、高矮比过大型。如黄淮海棉区曾经盛行的春棉与春玉米间作、本研究中的夏玉米与秋玉米共生即属此类。

　　就一麦三玉米模式而言，四茬作物连环套，作物之间既存在着时间上的共生关系，又存在着空间上的高低位关系，这些作物在时间与空间上的交互作用，一方面反映了这些作物对时间与空间的有效利用，另一方面也反映了这些作物在时间与空间上的复杂关系。因此必须从时间与空间两者统一的观点出发，对各作物在复合群体中所处的竞争态势进行分析，才能正确把握复合群体的技术调控手段与措施。

　　为此，要利用生态位原理，减少竞争，调整好作物复合群体的竞争与互补关系。其调整的原则是：①共生时间限长，力求避免生殖生长期处于共生低位。②实现时间与空间的交错与结合，力争使伞形结构维持时间长且高矮换位。如在1995 年一麦三玉米模式试验中，春玉米、夏玉米、秋玉米均采用了晚熟（夏播生育期 113 天）、高秆（株高 250cm 左右）的品种'掖单 13'进行间套，导致春玉米与夏玉米、夏玉米与秋玉米其生时间过长，共生期间高欺矮严重，三茬玉米之间矛盾激化，产量较低。针对存在的问题，1996 年做了相应的调整，一麦三玉米模式试验中春玉米采用早熟（夏播生育期 90 天）、中秆（株高 200～220cm）的'鲁原单 14'，夏玉米采用中熟（夏播生育期 100 天）、中秆（株高 220cm）的'掖单 12'，秋玉米采用早熟、中秆品种'鲁原单 14'，并结合化学调控、人工调控等技术措施，使作物之间的时空关系得以协调，产量明显提高。从时空积来看，1995 年小麦、春玉米、夏玉米、秋玉米的时空积分别为－1.68、9.68、6.5、－14.5，1996 年则分别为－2.33、7.33、5.12、－10.12。经过调整后，1996 年与 1995 年相比，四茬作物之间的竞争互补关系较为协调，小麦时空积由－1.68 变为－2.33，小麦劣势略有增加；春玉米由 9.68 降为 7.33，夏玉米由6.50 降至 5.12，春玉米、夏玉米优势略有下降；秋玉米则由－14.5 变为－10.12，劣势明显弱化。最终表现为复合群体各作物的优、劣势较为均衡，从而有利于四茬作物均衡增产，达到整体增产的目的。

参 考 文 献

董宏儒,邓振镛.1981.带田光能分布特征的研究.中国农业科学,1:69～79

胡昌浩.1990.高产夏玉米群体生理参数初探.黄淮海玉米高产文集.杨陵:天则出版社

赖众民.1985.马铃薯套玉米及玉米间大豆种植系统间套作优势研究.作物学报,3:234～238

刘巽浩,韩湘玲,孔扬庄.1981.华北平原地区麦田两熟的光能利用作物竞争与产量分析.作物学报,1:63～72

逄焕成.1996.一种集约多熟超高产模式的探讨——河南扶沟县一麦三玉的机理与技术.中国农业大学博士
　　学位论文

沈学年,刘巽浩.1983.多熟种植.北京:农业出版社

Baker WFI. 1964. Plant population and crop yield. Nature,204:856～857

Vandermeer JH. 1989. The Ecology of Intercropping. New York:Cambridge University Press

第七章　多熟超高产模式下的水肥优化管理

多熟制的目的是高产。一方面，高产要求增加肥料投入，其中突出的问题是如何用好氮肥，也就是怎样在多熟制中用好氮肥，从而确保多熟制中各季作物持续高产稳产。另一方面，肥料是高产粮田物质投入中的主要投入。在很大程度上，肥料效益的高低决定着高产粮田经济效益的好坏。因此，进行超高产下的肥料效益和肥料利用率的研究，有利于超高产的发展。合理施肥的目的是提高肥效、减少肥料养分的损失、降低成本并增产增收。其中肥料的施用量和施用时期是达到合理施肥目的的两个重要方面。在多熟高产的前提下，土壤肥力又如何变化？诸如此类的施肥效果和土壤肥力的问题亟待研究明确。因此，这对在生产上合理种植和合理施肥也具有一定的现实意义。

第一节　不同肥料运筹对冬小麦生长发育、产量及养分利用的影响

一、对冬小麦分蘖及成穗的影响

从冬小麦分蘖动态结果（表 7-1，图 7-1）可见，不同施肥量处理的分蘖动态变化趋势是一致的。群体总茎数表现为单峰曲线，至拔节后期群体总茎数均达到最大值。从各个时期不同施肥量的总茎数来看，处理间差异明显。在越冬期，除 NF（无肥区）处理外，其他各处理由于基肥用量均相同，越冬期小麦分蘖状况的差异主要是由于前一年试验后造成的地力基础不同所致。在基本苗均为 12 万株/亩下，地力基础越高，分蘖数也越多。反之亦然。由表 7-1 可见，越冬期 NF、VL 处理没有多少分蘖出现，基本上是以单茎的形式越冬的；在拔节期与抽穗期，不同处理间的差异则愈趋明显，群体茎蘖数与施肥量呈显著正相关关系。而拔节期与抽穗期处理间差异主要来自于返青肥追肥量的不同。拔节期，与 NF 处理相比，H、M 处理最大分蘖数分别高 116.8% 和 109.7%；抽穗期，与 NF 相比，成穗率分别高 80.6% 和 63.0%。而 VL 处理与 NF 处理则差异不大，说明肥料（特别是氮肥）供应不足不利于小麦的分蘖发生发展。

表 7-1　不同施肥处理的冬小麦分蘖动态　　（单位：万个/亩）

处理	越冬期	拔节期	抽穗期
H	16.68	33.48	24.06
M	14.51	32.38	21.71
L	13.38	26.11	19.71
VL	12.96	17.25	16.15
NF	12.57	15.44	13.32

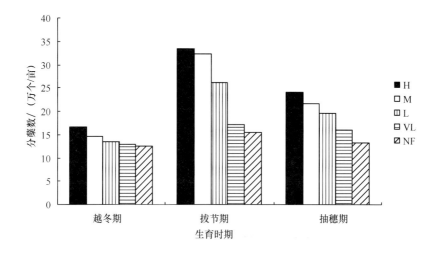

图 7-1　不同施肥处理对冬小麦分蘖动态的影响

二、对冬小麦叶面积状况的影响

从小麦拔节期与灌浆期群体 LAI 值（表 7-2，图 7-2）可以看出，施肥量对 LAI 大小有较大影响。在拔节期，施肥量与 LAI 呈一元二次曲线关系。值得指出的是，M 处理较 H 处理的 LAI 高，这是因为 M 处理个体发育适中，群体发育良好，而 H 处理氮素营养过量，群体数量过大，个体发育较差，单茎叶面积较小，最终导致无效分蘖增多，形成很多小穗。L 处理小麦施肥量虽然为 M 处理的 80%，但其 LAI 差异值却高达 3 倍，说明在基肥亩施 6.4kg 氮的情况下，返青肥的数量不应过低。若返青肥低于 6.9kg 氮，则不利于形成高光效的群体结构。结合灌浆期叶面积状况来看，其处理间差异规律也基本一致。但过量施肥（H 处理）后，群体叶面积动态发展则不合理，表现为灌浆后期贪青晚熟，落黄性差，植株养分转移率低，灌浆速率降低，千粒重较低。

表 7-2　不同施肥处理的冬小麦 LAI 动态

处理	拔节期	灌浆期	处理	拔节期	灌浆期
H	1.34	2.06	VL	0.27	0.72
M	1.44	2.05	NF	0.19	0.46
L	0.46	1.64			

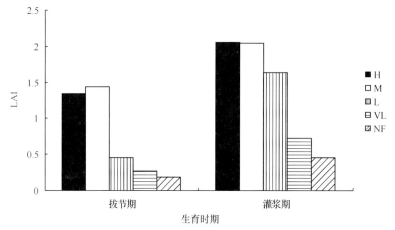

图 7-2　不同施肥处理对冬小麦 LAI 的影响

三、对冬小麦干物质积累量的影响

不同施肥处理之间干物质积累的变化趋势一致（表 7-3）。从小麦干物质积累动态可见，在河南省封丘地区，不施肥的小麦生产力是很低的，说明该地区的地力较差。拔节期各处理干物质积累量为不施肥的 1.13～5.42 倍，灌浆期为 1.50～3.54 倍，最终生物产量为 2.14～2.93 倍。施肥量与生物产量之间表现为一元二次曲线关系：

$$y = 269 + 49.826x - 1.1707x^2 (R^2 = 0.9576)$$

表 7-3　不同施肥处理对冬小麦干物质积累量动态的影响

处理	拔节期 /(kg/亩)	占 NF 比例 /%	灌浆期 /(kg/亩)	占 NF 比例 /%	成熟期 /(kg/亩)	占 NF 比例 /%
H	130	542	674	334	725	270
M	120	500	716	354	788	293
L	64	267	604	299	677	252
VL	27	113	303	150	577	214
NF	24	100	202	100	269	100

在小麦灌浆期测定小麦旗叶的光合特性值（表 7-4）可见，各处理的作物净光合速率（Pn）大小顺序为 M>H>L>NF，与干物质积累结果是一致的。这从微观生理角度证明了处理间差异的原因所在。

表 7-4 不同施肥处理对冬小麦灌浆期光合特性的影响（1998 年）

处理	Pn /[μmolCO$_2$/(m^2·s)]	Tr /[μmolCO$_2$/(m^2·s)]	Gs /[μmolCO$_2$/(m^2·s)]	Ci /(μmol/mol)
H	10.72	5.74	236.75	343
M	10.97	5.91	188.70	332
L	10.52	5.54	166.00	335
VL	9.20	5.16	139.50	338
NF	7.07	4.43	115.30	345

四、对冬小麦产量的影响

不同施肥处理的小麦产量结果表明，在不施肥的情况下，小麦亩产量仅为 90.5kg，施肥显著增加小麦产量（表 7-5）。可见，增施肥料是小麦高产的保证，但并非施肥越多越好。当施氮量过高，增施氮肥不但不增产，反而减产。从小麦产量构成因素分析可以发现，M 处理的群体结构较为合理，亩穗数、穗粒数、千粒重和经济系数均较为协调，因而产量最高；H 处理虽然亩穗数较多，但穗粒数、千粒重和经济系数均低于 M 处理，故产量降低。田间观察发现，收获期其他处理正常落黄，而 H 处理贪青晚熟。

表 7-5 不同施肥处理对冬小麦产量构成因素状况的影响（1998 年）

处理	亩穗数/(万穗)	穗粒数/个	千粒重/g	产量/(kg/亩)	经济系数
H	24.06	38.67	36.20	336.8	0.460
M	21.71	41.83	40.94	371.8	0.470
L	19.71	36.56	43.00	309.9	0.458
VL	16.15	22.61	45.32	165.5	0.287
NF	13.32	15.11	44.95	90.5	0.336

据彭永欣等（1992）研究表明，群体质量决定着库的充实度。当小麦穗数和每穗结实粒数确定以后，籽粒的灌浆过程可理解为库的充实过程。笔者在小麦灌浆期的后 20 天测定，M、L、VL、NF 的平均灌浆强度分别为 0.863g/(d·千粒)、0.877g/(d·千粒)、1.069g/(d·千粒)、1.092g/(d·千粒)，而 H 处理的较低，仅为 0.730g/(d·千粒)，说明氮素供应过多，不利于后期的灌浆。L、VL、NF 处理的灌浆强度虽然稍高于 M 处理的，但由于单位面积的总结实粒数

较少，同期内单位面积上库的总增长绝对量同样是较少的，最终籽粒产量也较低。以上研究说明，群体结构与质量不仅对源有显著的制约作用，对库的制约效应也是相同的，即库源关系得以协调发展是小麦高产的理论基础，高产群体必须有足够大的源和充实度较高的库。

五、不同施肥量对冬小麦氮、磷、钾养分吸收利用的影响

施肥状况影响小麦对养分的吸收和利用（表 7-6～表 7-8）。随着施氮水平的不断增加，秸秆与籽粒含氮量相应增加，秸秆与籽粒吸氮量也有类似趋势。亩总吸氮量是 H＞M＞L＞VL＞NF。从籽粒氮占总吸氮量的比例来看，M 处理最高，达 75.5%；L 处理次之，为 72.6%；不施肥处理最低，为 62.8%。可见，适量施氮有利于提高单位肥料量的籽粒生产率。从化肥氮利用率来看，其表观利用率为 18.4%～58.0%。每千克化肥氮产粮 19.0～28.3kg。总的趋势是随施氮量提高而增加，但当施氮量过高时，此两项指标已经开始下降。

表 7-6　不同施肥处理对冬小麦氮素吸收利用状况的影响（1998 年）

处理	秸秆		籽粒		总吸氮量 /(kg/亩)	化肥氮 利用率/%	化肥氮生产 /(kg 粮/kgN)
	含氮比例 /%	吸氮量 /(kg/亩)	含氮比例 /%	吸氮量 /(kg/亩)			
H	0.970	4.5949	2.90	9.7672	14.3621	56.9	21.6
M	0.781	3.2170	2.66	9.8899	13.1069	58.0	28.3
L	0.815	3.0057	2.57	7.9644	10.9701	49.9	28.2
VL	0.708	2.9247	2.51	4.1541	7.0788	18.4	19.0
NF	0.403	2.0377	2.24	3.4406	5.4783	—	—

表 7-7 是在磷肥施用量相同、而氮肥施用量不同下的小麦对磷素的吸收利用状况。由表可见，不同处理籽粒含磷量与吸磷量、总吸磷量均随施氮水平的提高而增加。这说明磷氮之间有正交互作用，表现出以氮调磷的作用。

表 7-7　不同施肥处理对冬小麦磷素吸收利用状况的影响（1998 年）

处理	秸秆		籽粒		总吸磷量 /(kg/亩)
	含磷比例 /%	吸磷量 /(kg/亩)	含磷比例 /%	吸磷量 /(kg/亩)	
H	0.0600	0.2842	0.403	1.3573	1.6415
M	0.0429	0.1767	0.313	1.1637	1.3404
L	0.0488	0.1780	0.313	0.9700	1.1480
VL	0.0498	0.2057	0.297	0.4915	0.6972
NF	0.0225	0.1061	0.273	0.4193	0.5254

除不施肥处理的秸秆含钾量略低外，各处理小麦秸秆与籽粒的含钾量差异较小。总吸钾量以 H 处理最高，M 处理次之（表 7-8）。综合来看，在不施钾肥的情况下，随着氮肥用量的提高，小麦从土壤吸收的钾量也相应增多。

表 7-8　不同施肥处理对冬小麦钾素吸收利用状况（1998 年）

处理	秸秆		籽粒		总吸钾量 /(kg/亩)
	含钾比例 /%	吸钾量 /(kg/亩)	含钾比例 /%	吸钾量 /(kg/亩)	
H	1.88	8.9056	0.438	1.4752	10.3808
M	1.85	7.6202	0.452	1.6805	9.3007
L	1.90	7.0072	0.389	1.2055	8.2127
VL	1.88	7.7663	0.421	0.6438	8.4101
NF	1.26	5.9434	0.449	0.6897	6.6331

综合分析肥料运筹对冬小麦的影响结果可见，施氮量过高或过低均不利于冬小麦产量的提高及养分的有效利用。施氮过量，不仅不能增产，反而浪费肥料资源。施氮不足，则达不到高产的目标。因此合理的肥料运筹对冬小麦高产与养分资源高效利用至关重要。

第二节　不同肥料运筹对春玉米产量及养分利用的影响

一麦三玉米间套作栽培模式是一个时空结合的连续复合群体。在这一连续复合群体中，各结构单元存在着有机的联系。在复合群体结构的发展中，各结构单元以及与整体间的关系各不相同。春玉米作为复合群体中的第一季高产 C4 作物，其生长发育与物质生产、产量状况对整个复合群体的全年总产量高低起着重要作用。

一、肥料运筹对春玉米 LAI 的影响

表 7-9 和表 7-10 是两年试验春玉米不同生长时期的 LAI 状况。由表可见，年际间 LAI 的差异是明显的。形成年际之间的差异主要由于以下几个方面：①种植密度不同。1997 年春玉米密度为 4400 株/亩，1998 年为 3300 株/亩，两者相差 1100 株/亩。②播种时间与作物生长季节不同。1997 年春玉米于 4 月上旬播种，1998 年为 3 月上旬，两者相差一个月。可见提早播种虽然为下茬作物秋玉米创造了较长的生长时间，但使春玉米自身的生长发育季节提前，生长发育的生活环境条件不利于叶片的生长，特别是早春低温，使春玉米发育较慢，影响

了春玉米 LAI 的提高。

表 7-9   不同施肥处理的春玉米 LAI 动态比较（1997 年）

处理	小口期	授粉期	处理	小口期	授粉期
H	4.02**	4.57*	h	3.64*	4.36*
M	3.55*	4.34	m	3.93*	4.37*
L	3.46	4.30	l	3.48	4.01
VL	3.10	4.17	vl	3.36	3.94

注：** 表示在 99% 水平上差异显著；* 表示在 95% 水平上差异显著，下同。

表 7-10   不同施肥处理的春玉米 LAI 动态比较（1998 年）

处理	拔节期	授粉期	灌浆末期
H	1.41*	2.70*	1.55**
M	1.15	2.94**	1.65**
L	1.22	1.98*	0.88*
VL	1.10	1.82	0.79
h	1.56*	2.74**	1.40**
m	1.44*	2.66**	1.72**
l	1.43*	2.18*	1.01**
vl	1.27	1.82	0.80

不同处理 LAI 年际之间表现也有差异。1997 年，小口期和授粉期（群体最大叶面积时期）不同施肥方法各处理之间差异较小。如在小口期多次施肥法平均 LAI 为 3.53，两次施肥法平均 LAI 为 3.60，二者差异仅为 2%；授粉期不同施肥方法各处理 LAI 均在 4 左右，多次施肥法平均 LAI 为 4.35，两次施肥法平均 LAI 为 4.17，二者差异为 4.3%，差异不明显。不同施肥量之间表现为高肥（H 和 h）和中肥（M 和 m）与其他处理有显著差异（图 7-3）。

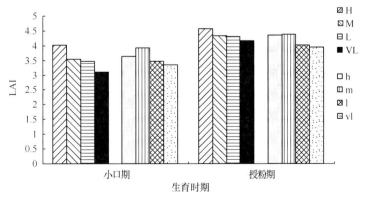

图 7-3   不同施肥处理对春玉米 LAI 的影响（1997 年）

　　1998 年试验不同施肥量之间的 LAI 差异更趋明显（表 7-10，图 7-4）。其中以授粉期和灌浆期最为明显，M 和 H 处理与 VL 处理差异达显著或极显著水平，L 处理在这两个时期也与 VL 差异显著，VL 与 vl 处理明显表现出前期缺肥与后期早衰的现象。比较 M 与 H 处理可以看出，在施肥量达到一定水平后，再增加用量已无益于作物的生长。在拔节期，两次施肥法各处理 LAI 均高于多次施肥法的相应处理，表现出前期重施追肥有利于营养体的建成，为作物丰产奠定良好的"源"。但不同施肥法在授粉期和灌浆期则差异不明显。

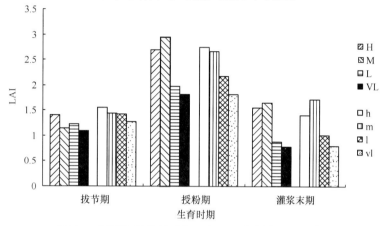

图 7-4　不同施肥处理对春玉米 LAI 的影响（1998 年）

　　从不同施肥量与施肥方法春玉米的 LAI 动态来看，从出苗到抽雄期玉米各处理 LAI 一直呈上升趋势；抽雄后即逐渐下降，但下降速度 H 和 VL 处理高于 M 处理，表明供氮不足或过量加剧了生育后期玉米 LAI 的下降过程。

　　通过对比两年不同处理春玉米 LAI 的差异性，可见施肥效果与基础土壤的供肥力有很大关系。1998 年施肥量处理间的差异大是由前一年试验后土壤肥力有差异和施肥量不同共同作用的结果。

二、对春玉米干物质积累动态的影响

　　不同施肥量和肥料不同运筹方法影响作物营养器官和生殖器官的形成与发育，进而影响作物的干物质积累过程与状况（图 7-5，图 7-6）。由表 7-11 和表 7-12 得出：①在以营养生长为主的拔节期，不论是两次施肥法还是多次施肥法，干物质积累量与施肥量均呈正相关关系，不同施肥量之间差异显著。②从施肥法来看，在拔节期，两次施肥法比多次施肥法的干物质积累量高，这与两次施肥法在拔节期以前将所有追施氮肥全部施入、土壤中氮素含量较多次施肥法高有关。③当植株开始由以营养生长为中心过渡到以生殖生长为中心（开花授粉期）后，M 与 H 处理差异逐渐缩小，最终接近或超过 H 处理。④两年平均，H、M、L

处理干物质积累量分别比 VL 高 74.6%、60.8%和 23.5%，h、m、l 处理分别
比 v1 高 57.1%、57.6%和 36.0%。⑤从两年平均结果来看，在施肥量较高（H
和 M 处理）的情况下，不同肥料运筹法之间差异较小；而在施肥量较低（L 和
VL 处理）的情况下，不同肥料运筹法之间差异较大些，以两次施肥法较好。

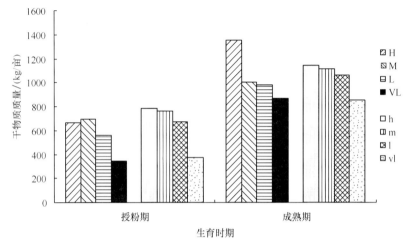

图 7-5　不同施肥处理对春玉米干物质积累动态的影响比较（1997 年）

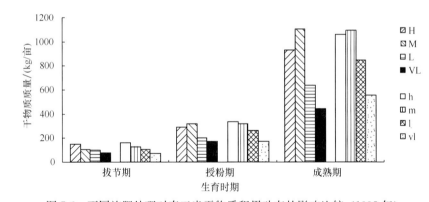

图 7-6　不同施肥处理对春玉米干物质积累动态的影响比较（1998 年）

表 7-11　不同施肥处理的春玉米 DM 动态比较（1997 年）

（单位：kg/亩）

处理	授粉期	成熟期	处理	授粉期	成熟期
H	666	1351	h	785	1143
M	693	1001	m	762	1114
L	561	977	l	671	1061
VL	346	864	vl	376	849

表 7-12　不同处理春玉米 DM 动态比较（1998 年）　（单位：kg/亩）

处理	拔节期	授粉期	成熟期	处理	拔节期	授粉期	成熟期
H	149	293	933	h	160	334	1060
M	106	320	1102	m	130	317	1095
L	102	204	639	l	104	261	846
VL	78	176	444	vl	74	176	553

三、对春玉米产量的影响

1997 年和 1998 年春玉米产量及产量构成因素结果见表 7-13。试验结果表明，总的趋势是不论是 1997 年和 1998 年的产量、两年平均产量，还是不同肥料运筹方法，春玉米产量均随施氮量的增加表现为二次抛物线关系（表 7-14）。施氮量以 M（或 m）法最佳。施氮过多或过少均不利于春玉米产量的提高。施氮过少则氮素供应不足，限制了春玉米的正常生长发育，作物的光合生产性能下降，不利于经济产量的提高。施氮量过多，对春玉米营养生长有所促进，但对生殖生长贡献减少，营养器官向生殖器官的干物质积累转移率降低，造成经济系数不高，其结果是春玉米产量下降。据何萍等（1998）研究，氮肥用量不足或过量均加速了生长后期 LAI 及穗叶叶绿素含量的下降进程，使叶片提早衰老。其中氮肥用量不足导致穗叶叶肉细胞叶绿体结构性差，维管束细胞碳水化合物积累减少，营养体氮素分配率大而引起叶片早衰；而过量供氮则导致生长后期硝酸还原酶活性过高，氮素代谢过旺，消耗了大量碳水化合物，以至于下位叶不能得到充足的碳水化合物供应而提早脱落，同时叶肉细胞叶绿体片层结构膨胀，呈肉汁化特征，维管束细胞淀粉粒大量消耗，无核淀粉粒出现，从而叶片叶绿素含量下降，光合能力降低而出现早衰。本试验的产量结果也证实了这一点。

表 7-13　不同肥料运筹对春玉米产量状况的影响

处理	1997 年				1998 年				两年平均产量 /(kg/亩)
	亩穗数 /穗	穗粒数 /个	千粒重 /g	产量 /(kg/亩)	亩穗数 /穗	穗粒数 /个	千粒重 /g	产量 /(kg/亩)	
H	3196	554.8	253.1	448.8	2778	435.2	211.5	255.7	352.3
M	3224	564.0	258.9	470.8	2833	484.4	227.4	312.1	391.5
L	3372	550.8	231.8	430.5	2780	421.2	209.1	244.7	337.6
VL	3187	547.5	218.3	380.9	2776	367.2	168.1	171.5	276.2
h	3316	594.8	235.6	464.7	2792	440.4	224.3	275.8	370.3
m	3502	598.0	259.4	543.0	2778	472.8	229.7	301.7	422.4
l	3113	557.6	251.7	436.9	2767	442.4	215.8	264.1	350.5
vl	2937	552.3	212.9	345.3	2740	407.2	164.1	183.1	264.2

分析各处理春玉米的产量构成因素结果可见，两年结果基本上是 M（或 m）处理的亩穗数、穗粒数和千粒重最高。其中，穗粒数和千粒重的变化对产量的影响大于亩穗数变化的影响。在亩设计密度一致的情况下，M（或 m）处理亩穗数略高于其他处理，这说明 M（或 m）处理的空秆率低。春玉米的穗粒数、千粒重均与施氮量呈二次抛物线曲线 $y=a+bx+cx^2$（表 7-13），表明施氮过高或过低均不利于春玉米的产量形成。施氮量偏低，则库容量受限，穗粒数减少；过量施氮，则影响到库强度，千粒重下降。

表 7-14　春玉米施氮量与产量、穗粒数、千粒重的二次抛物线关系

函数关系	年份	施肥法	a	b	c	R^2
产量 与施氮量	1997	两次施肥法	137.80	39.192	−0.987	0.9508
	1997	多次施肥法	291.17	17.245	−0.417	0.9906
	1998	两次施肥法	62.05	24.041	−0.592	0.9985
	1998	多次施肥法	21.38	28.781	−0.734	0.9730
	两年平均	两次施肥法	99.89	31.622	−0.789	0.9850
		多次施肥法	156.24	23.018	−0.576	0.9809
穗粒数 与施氮量	1997	两次施肥法	516.10	5.882	−0.107	0.8361
	1997	多次施肥法	530.01	3.095	−0.079	0.7475
	1998	两次施肥法	333.83	14.163	−0.373	0.9720
	1998	多次施肥法	242.88	23.489	−0.5692	0.9471
千粒重 与施氮量	1997	两次施肥法	156.70	11.559	−0.3169	0.9831
	1997	多次施肥法	182.27	6.441	−0.1389	0.9256
	1998	两次施肥法	99.72	13.093	−0.3129	0.9748
	1998	多次施肥法	105.96	12.376	−0.3108	0.9985

考察成熟期穗部性状（表 7-15）可见，随着施氮量增加，穗长有增加的趋势。施氮量相同时，施入时期越早，雌穗越长，表明提高氮素水平与提早施氮有利于雌幼穗的分化。但过量施氮或施氮不足，可能造成雌穗顶部发育不良，秃顶长度加大，穗粒数则不多。

表 7-15　不同肥料运筹对春玉米成熟期植株主要性状的影响

处理	1997 年		1998 年		
	穗长/cm	穗粗/cm	穗长/cm	穗粒/cm	秃顶长度/cm
H	19.97	5.33	16.81	5.10	1.10
M	19.47	5.40	16.32	5.20	0.88

续表

处理	1997 年		1998 年		
	穗长/cm	穗粗/cm	穗长/cm	穗粒/cm	秃顶长度/cm
L	19.17	5.29	14.81	5.10	1.20
VL	18.80	5.20	13.33	4.80	1.26
h	20.37	5.32	15.54	5.10	1.20
m	19.93	5.44	15.32	5.30	0.64
l	18.70	5.26	15.16	5.00	0.70
vl	18.17	5.20	13.54	4.89	1.00

四、对氮素吸收利用的影响

春玉米的施肥状况影响其对养分的吸收和利用。表 7-16 和表 7-17 是两年的氮素吸收利用结果。分析可见（表 7-18），两年平均，随着施氮水平的不断增加，收获氮量、秸秆、籽粒吸氮量与施氮量呈二次抛物线关系。两年结果比较表现为：①在基础肥力较低的 1997 年，处理 H 的收获氮量较 M 高，而基础肥力较高的 1998 年收获氮量表现为 M 高于 H，这说明在高产田连续开发中，氮肥投入不应连续过高。②化肥氮生产率随施氮水平增加而降低，表现为肥料报酬递减。③在施氮量相同的情况下，产量越高，化肥氮的生产率越高。这说明提高产量是提高肥料生产率的前提。④从收获氮的经济系数（籽粒吸氮量占收获氮量的百分数）来看，表现为随施氮量增加而降低的趋势。多次施肥法有利于提高收获氮的经济系数。⑤两年间春玉米收获氮的经济系数差异较大，其原因主要是由于 1998 年作物吸收氮向籽粒运转率较低，而不在于其吸收总量的差异。

表 7-16　不同肥料运筹对春玉米氮素吸收利用状况的影响（1997 年）

处理	秸秆		籽粒		总吸氮量 /(kg/亩)	收获氮的经 济系数/%	化肥氮生产率 /(kg 粮/kg 氮)
	含氮比例 /%	吸氮量 /(kg/亩)	含氮比例 /%	吸氮量 /(kg/亩)			
H	0.996	8.884	1.61	7.390	16.274	45.4	16.3
M	0.896	4.846	1.45	6.673	11.519	57.9	25.7
L	0.992	5.421	1.47	6.328	11.749	53.9	35.1
VL	0.939	4.536	1.47	5.600	10.136	55.2	63.5
h	0.963	6.532	1.45	6.738	13.270	19.2	16.9
m	1.005	5.739	1.43	7.765	13.504	57.5	29.7
l	0.961	5.998	1.52	6.641	12.639	52.5	37.7
vl	1.024	5.158	1.51	5.214	10.372	50.3	57.6

表7-17　不同肥料运筹对春玉米氮素的吸收利用状况的影响（1998年）

| 处理 | 秸秆 | | 籽粒 | | 总吸氮量 /(kg/亩) | 收获氮的经 济系数/% | 化肥氮生产率 /(kg粮/kg氮) |
	含氮比例 /%	吸氮量 /(kg/亩)	含氮比例 /%	吸氮量 /(kg/亩)			
H	1.12	7.586	1.81	4.628	12.214	37.9	9.3
M	1.19	9.399	1.76	5.493	14.892	36.9	17.1
L	1.22	4.810	1.86	4.551	9.361	48.6	21.1
VL	1.21	3.297	1.89	3.241	6.538	19.6	28.6
h	1.03	8.077	1.67	4.523	12.600	35.9	10.0
m	1.23	9.758	1.57	4.737	14.495	32.7	16.5
l	1.14	6.634	1.54	4.067	10.701	38.0	22.8
vl	0.943	3.488	1.68	3.076	6.564	46.9	30.5

表7-18　春玉米施氮量与收获氮量、秸秆吸氮量、籽粒吸氮量的二次抛物线关系

函数关系	施肥法	a	b	c	R^2
收获氮量	两次施肥法	1.1049	1.2556	-0.0300	0.9999
与施氮量	多次施肥法	4.670	0.6602	0.0113	0.9942
秸秆吸氮量	两次施肥法	-0.8505	0.8333	-0.0196	0.9973
与施氮量	多次施肥法	1.7742	0.3669	-0.0047	0.9876
籽粒吸氮量	两次施肥法	1.9554	0.4223	-0.0105	0.9930
与施氮量	多次施肥法	2.878	0.2977	-0.0067	0.9999

五、对磷素吸收利用的影响

从不同处理春玉米对磷素的吸收利用状况来看，在本试验设计条件下，表现为供磷量越多，吸磷量则增加；而试验的第二年，由于上一年施高量磷的后效作用，表现为过量施磷后其吸收量反而呈减少的趋势，这与过量施磷后作物生长状况差有关（表7-19，表7-20）。这说明与氮素相似，磷素也不是越多越好。由表也可看出，过量施磷后，其收获磷的经济系数也较低，化肥磷的生产率大大降低。

表7-19　不同肥料运筹对春玉米氮素吸收利用的影响（1997年）

| 处理 | 秸秆 | | 籽粒 | | 总吸磷量 /(kg/亩) | 收获磷的经 济系数/% | 化肥磷生产率 /(kg粮/kg磷) |
	含磷比例 /%	吸磷量 /(kg/亩)	含磷比例 /%	吸磷量 /(kg/亩)			
H	0.1643	1.466	0.347	1.593	3.059	52.1	81.0
M	0.0866	0.468	0.316	1.454	1.922	75.7	133.2

处理	秸秆		籽粒		总吸磷量/(kg/亩)	收获磷的经济系数/%	化肥磷生产率/(kg 粮/kg 磷)
	含磷比例/%	吸磷量/(kg/亩)	含磷比例/%	吸磷量/(kg/亩)			
L	0.0846	0.462	0.317	1.365	1.827	74.7	159.1
VL	0.0715	0.345	0.262	0.998	1.343	74.3	249.4
h	0.1147	0.778	0.331	1.538	2.316	66.4	83.8
m	0.0884	0.505	0.336	1.824	2.329	78.3	153.6
l	0.0910	0.568	0.374	1.634	2.202	74.2	164.5
vl	0.0790	0.398	0.270	0.932	1.330	70.1	226.1

表 7-20　不同肥料运筹对春玉米磷素吸收利用的影响（1998 年）

处理	秸秆		籽粒		总吸磷量/(kg/亩)	收获磷的经济系数/%	化肥磷生产率/(kg 粮/kg 磷)
	含磷比例/%	吸磷量/(kg/亩)	含磷比例/%	吸磷量/(kg/亩)			
H	0.232	1.571	0.365	0.933	2.504	37.3	46.1
M	0.254	2.006	0.390	1.217	3.223	37.8	88.3
L	0.146	0.576	0.417	1.020	1.596	63.9	97.6
VL	0.176	0.480	0.403	0.691	1.171	59.0	112.3
h	0.211	1.655	0.331	0.913	2.568	35.6	49.8
m	0.227	1.801	0.424	1.279	3.080	41.5	85.4
l	0.155	0.902	0.434	1.146	2.048	56.0	97.6
vl	0.109	0.403	0.389	0.712	1.115	63.9	119.9

六、对钾素吸收的影响

在不施任何钾肥的情况下，不同处理从土壤中吸收钾量有较大差异，这是由作物生长发育需要吸收一定比例的氮、磷、钾的特性所决定的。结合前面对氮、磷的吸收利用分析来看，凡是对氮、磷吸收多的处理，吸收钾量也多。由表 7-21 和表 7-22 可见，春玉米吸收的钾主要储存在营养体之中，籽粒中所占比例较少。高产年份吸收钾量较低产年份多。由此可见，在黄淮海平原地区，特别是高产田，作物从土壤吸收带走的钾量是很大的。

表 7-21　不同肥料运筹对春玉米钾素吸收利用的影响（1997 年）

处理	秸秆		籽粒		收获钾量/(kg/亩)
	含钾比例/%	吸钾量/(kg/亩)	含钾比例/%	吸钾量/(kg/亩)	
H	1.108	9.883	0.389	1.786	11.669
M	0.889	4.808	0.400	1.841	6.649
L	0.978	5.345	0.496	2.135	7.480
VL	1.197	5.271	0.466	1.775	7.046
h	1.197	8.119	0.409	1.901	10.020
m	1.158	6.612	0.499	2.710	9.322
l	1.109	6.921	0.488	2.132	9.053
vl	1.076	5.420	0.452	1.561	6.981

表 7-22　不同肥料运筹对春玉米钾素吸收利用的影响（1998 年）

处理	秸秆		籽粒		收获钾量/(kg/亩)
	含钾比例/%	吸钾量/(kg/亩)	含钾比例/%	吸钾量/(kg/亩)	
H	0.650	4.40	0.444	1.14	5.54
M	0.729	5.76	0.497	1.55	7.31
L	0.615	2.42	0.593	1.45	3.87
VL	0.573	1.56	0.578	0.99	2.55
h	0.687	5.39	0.419	1.16	6.55
m	0.852	6.76	0.488	1.47	8.23
l	0.660	3.84	0.431	1.14	4.98
vl	0.629	2.33	0.523	0.96	3.29

　　综合分析肥料运筹对春玉米的影响结果可见，施肥量过高或过低均不利于春玉米产量的提高及养分的有效利用。以适量（M 或 m 处理）施肥对春玉米高产与养分资源高效利用最佳。

第三节　不同肥料运筹对夏玉米产量及养分利用的影响

一、对夏玉米叶面积动态的影响

　　夏玉米的生长发育季节和与之共生的作物春玉米不同，其叶面积动态有其特点。与单作夏玉米相比，一麦三玉米的夏玉米生长前期由于受春玉米遮阴影响，其 LAI 较单作的小，发展速度慢。于播种后一个月测定不同施肥量与施肥方法处理叶面积发现，两次施肥法各施肥量处理的 LAI 均高于多次施肥法的相应处理。处理 h、m、l、vl 分别比 H、M、L、VL 高 16.9％、16.1％、21.7％和 14.3％，说明两次施肥法有利于生长前期叶面积的发展（图 7-7）。于最大 LAI 期田间调查发现，不同施肥量处理之间差异明显。M 处理的最大 LAI 为 3.91，分别比 H、L、VL 高 9.8％、14.3％和 29.9％；m 处理的最大 LAI 为 4.13，分别比 h、l、vl 高 12.5％、18％和 36.3％。由此可见，施肥量过高或过低均不利于形成适宜的叶面积动态。不同处理夏玉米的叶面积发展动态不一，其物质生产状况必然有较大差异。

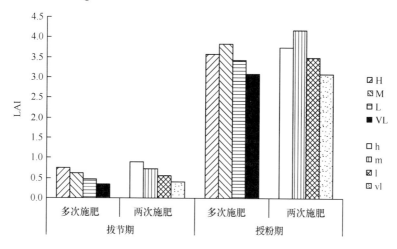

图 7-7　不同肥料运筹对夏玉米 LAI 的影响

二、对夏玉米干物质积累动态的影响

不同施肥处理的肥料供应状况不同，其光合物质生产也具有不同的特点。①从1998 年夏玉米小口期干物质积累来看（图 7-8，图 7-9），对于多次施肥法处理，干物质积累量随施肥量增加而提高。对于两次施肥法处理则不然，此期 m、l 处理高于 h 处理，反映了前期施肥过多并不利于作物对养分的吸收利用，干物质积累速度下降。②从最终生物产量状况来看，两年结果处理间差异的大小、排列次序表现不同。1997 年表现为生物产量依施肥水平的提高而增加，最高施肥量生物产量达 1018kg/亩；1998 年生物产量以 M 处理最高，达895kg/亩，最高施肥量处理的生物产量次之。两年不同处理生物产量结果差异的主要原因在于 1997 年与 1998 年的地力状况高低不同，这再次说明肥料连续高投入对物质生产是不利的。③两年生物产量结果比较可见，从生物产量来看，在施肥量较高的情况下，多次施肥法比两次施肥法更有利于养分的吸收和利用。而在低施肥水平下，以两次施肥法为好。

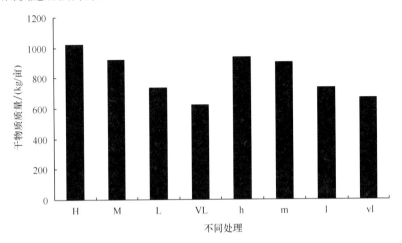

图 7-8 不同施肥处理对夏玉米成熟期干物质积累的影响（1997 年）

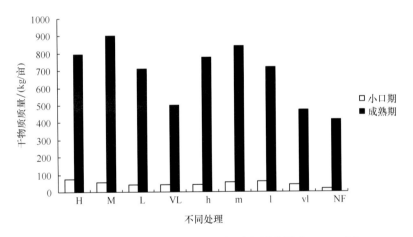

图 7-9 不同施肥处理对夏玉米干物质积累的影响（1998 年）

三、对夏玉米产量及产量构成因素的影响

两年各处理经济产量结果与生物产量结果相似，增施肥料有显著的增产效果（表 7-23，表 7-24）。其中 1997 年产量以 H 处理最高，但与 M 处理差异不大，仅高 3.2%；而 1998 年以 M 处理最好，比 H 处理高 29.0%。两年平均，M 处理产量分别比 H、L、VL 提高 11.0%、27.4%、60.6%；m 处理分别比 h、l、vl 增加 8.9%、18.6%、54.9%。与无肥处理相比，各施肥处理显著增产，增产幅度为 14.9%～119.3%，表明在本地区施肥对提高夏玉米有着重要作用。

表 7-23　不同肥料运筹对夏玉米产量及其构成因素的影响（1997 年）

处理	亩穗数/穗	穗粒数/个	千粒重/g	产量/(kg/亩)
H	3763	516.4	250.1	427.6
M	3613	546.8	239.1	414.3
L	3519	540.7	197.1	328.8
VL	3297	496.3	199.7	288.8
h	3530	540.5	246.7	412.9
m	3474	565.1	235.2	405.1
l	3363	547.5	209.4	338.2
vl	3351	518.5	195.9	298.6

表 7-24　不同肥料运筹对夏玉米产量及其构成因素的影响（1998 年）

处理	亩穗数/穗	穗粒数/个	千粒重/g	产量/(kg/亩)
H	2896	424.2	271.0	332.9
M	2935	472.5	309.6	429.6
L	2935	391.3	290.5	333.6
VL	2857	364.5	226.8	236.2
h	2890	400.8	296.6	332.0
m	2879	492.0	286.7	406.1
l	2946	394.0	297.7	345.5
vl	2863	333.7	235.6	225.1
NF（单作）	3422	382.7	149.6	195.9

　　作物产量是由亩穗数、穗粒数、千粒重三者共同决定的。三个组成因子相互关联，只有三者协调发展，才能获得高产。分析产量构成因素可以发现，不同施肥处理间差异值最大的是千粒重，其次是穗粒数和亩穗数。在高密度（如 1997 年亩株数均为 4400 株）下，亩穗数的差异值大于穗粒数的差异值；在低密度（如 1998 年亩株数均为 3330 株）下，穗粒数的差异值则大于亩穗数的差异值。以上比较结果说明：①施肥量的多少决定了夏玉米的灌浆质量，适宜的施肥量有利于形成大粒、饱粒。②在高密度情况下，增施肥料可以缓解群体内株间对养分的竞争，提高群体整齐度，减少空株率；在低密度下，则效果不突出。由两年的穗粒数结果也可看出，适宜的施肥量易形成较高的穗粒数，施肥量过高或过低都不利于穗粒数的提高，这可能与氮素营养水平对雌穗的分化与形成的调节作用有关。

四、对夏玉米氮、磷、钾养分吸收利用的影响

1. 对夏玉米氮素吸收与利用的影响

　　夏玉米植株的全氮量是土壤氮和肥料氮供应的总和，当氮肥施用量相同而施

肥方法不同时，夏玉米对肥料中氮素的吸收是不同的（表 7-25，表 7-26）。

表 7-25　不同肥料运筹对夏玉米氮素利用状况的影响（1997 年）

处理	秸秆		籽粒		总吸氮量/(kg/亩)	化肥氮生产率/(kg 粮/kg 氮)
	含氮比例/%	吸氮量/(kg/亩)	含氮比例/%	吸氮量/(kg/亩)		
H	0.883	5.213	1.41	6.029	11.242	16.1
M	0.940	5.700	1.41	5.842	11.542	23.7
L	0.847	3.403	1.34	4.407	7.810	29.9
VL	0.820	2.760	1.35	3.870	6.630	18.1
h	0.621	3.260	1.41	5.822	9.082	15.5
m	0.738	3.653	1.27	5.145	8.798	23.1
l	0.912	3.619	1.44	4.870	8.489	30.7
vl	0.603	2.203	1.46	4.360	6.563	49.8

表 7-26　不同肥料运筹对夏玉米氮素利用状况的影响（1998 年）

处理	秸秆		籽粒		总吸氮量/(kg/亩)	氮肥利用率/%	化肥氮生产率/(kg 粮/kg 氮)
	含氮比例/%	吸氮量/(kg/亩)	含氮比例/%	吸氮量/(kg/亩)			
H	0.866	3.981	1.50	4.994	8.975	21.0	12.5
M	0.831	3.867	1.51	6.487	10.354	39.8	24.5
L	0.831	3.126	1.44	4.803	7.929	41.3	30.3
VL	0.678	1.806	1.47	3.472	5.278	31.5	39.4
h	0.790	3.477	1.43	4.748	8.225	18.2	12.5
m	0.787	3.462	1.42	5.767	9.229	33.4	23.2
l	0.770	2.882	1.48	5.113	7.995	41.9	31.4
vl	0.767	1.871	1.60	3.602	5.473	34.7	37.5
NF	0.661	1.431	1.00	1.959	3.390	—	—

　　从两年结果来看，施肥量的高低影响不同施肥法的效果。当施肥量较高（处理 H、M）时，多次施肥效果好。肥料分多次施用时氮的吸收量比两次施用的增加 9%～31.2%。当施肥量较低（处理 L、VL）时，两次施肥法比多次施肥法更有利于氮素吸收。秸秆和籽粒中的含氮量也有上述类似现象。从 1998 年夏玉米的氮肥利用率来看，高施肥量时分多次施氮的利用率比两次施氮高 2.8～6.4 个百分点，而低肥下则低 0.6～3.2 个百分点。

　　从夏玉米不同施肥量处理的氮肥利用率来看，最高施氮量的氮肥利用率最低，仅为 18.2%～21.0%。其他处理较高，为 30%～40%。从氮肥生产率来看，不同处理之间差异较大，VL 处理比 H 处理高 3 倍多，肥料报酬递减规律明显。

2. 对夏玉米磷素吸收与利用的影响

表 7-27 和表 7-28 是 1997 年和 1998 年不同处理夏玉米的磷素吸收利用状况。由表可见，在氮、磷配合情况下，不同处理对磷素吸收利用规律与对氮素的吸收规律相似。从 1998 年磷肥利用率来看，过量施磷或供磷不足时，磷肥利用率低；而 M 处理和 H 处理的磷肥利用率高，表明适度供磷有利于磷素的吸收和利用。从磷肥的生产率来看，每千克磷素可生产粮食 91.0～195.5kg，并表现出随施磷量越高生产率越低的规律。

表 7-27　不同肥料运筹对夏玉米磷素利用的影响（1997 年）

处理	秸秆		籽粒		收获磷量/(kg/亩)	化肥磷生产率/(kg 粮/kg 磷)
	含磷比例/%	吸磷量/(kg/亩)	含磷比例/%	吸磷量/(kg/亩)		
H	0.1029	0.608	0.273	1.167	1.775	94.2
M	0.0753	0.457	0.293	1.214	1.671	133.7
L	0.0752	0.302	0.238	0.783	1.085	157.0
VL	0.0743	0.250	0.272	0.780	1.030	189.1
h	0.0655	0.344	0.238	0.983	1.327	91.0
m	0.0713	0.353	0.259	1.049	1.402	130.7
l	0.0875	0.347	0.276	0.933	1.280	161.5
vl	0.0511	0.187	0.209	0.624	0.811	195.5

表 7-28　不同肥料运筹对夏玉米磷素利用的影响（1998 年）

处理	秸秆		籽粒		收获磷量/(kg/亩)	磷肥利用率/%	化肥磷生产率/(kg 粮/kg 磷)
	含磷比例/%	吸磷量/(kg/亩)	含磷比例/%	吸磷量/(kg/亩)			
H	0.117	0.538	0.331	1.102	1.640	24.2	73.3
M	0.097	0.451	0.352	1.512	1.963	45.8	138.7
L	0.082	0.308	0.345	1.151	1.459	43.7	159.3
VL	0.061	0.163	0.330	0.779	0.942	26.1	154.6
h	0.106	0.467	0.408	1.355	1.822	28.2	73.2
m	0.082	0.361	0.311	1.263	1.624	52.4	131.1
l	0.085	0.318	0.308	1.064	1.372	39.6	164.9
vl	0.080	0.195	0.296	0.666	0.861	21.2	147.4
NF	0.068	0.147	0.202	0.396	0.543	—	—

3. 对夏玉米钾素吸收与利用的影响

从表 7-29 和表 7-30 可以发现，在不施钾肥，且氮、磷水平不同的条件下，各处理钾素收获量主要取决于不同处理秸秆产量和籽粒产量，而与秸秆和籽粒的含钾量关系较小。分析结果表明，各处理籽粒含钾量变化很小，而秸秆中的含钾量变化相对较大。

表 7-29　不同肥料运筹对夏玉米钾素的吸收利用状况（1997 年）

处理	秸秆		籽粒		收获钾量/(kg/亩)
	含钾比例/%	吸钾量/(kg/亩)	含钾比例/%	吸钾量/(kg/亩)	
H	0.648	3.826	0.379	1.621	5.447
M	0.626	3.796	0.393	1.628	5.424
L	0.589	2.367	0.394	1.296	3.663
VL	0.675	2.272	0.394	1.130	3.402
h	0.677	3.554	0.365	1.507	5.061
m	0.751	3.717	0.373	1.511	5.228
l	0.754	2.992	0.394	1.333	4.325
vl	0.665	2.430	0.343	1.024	3.454

表 7-30　不同肥料运筹对夏玉米钾素的吸收利用状况（1998 年）

处理	秸秆		籽粒		收获钾量/(kg/亩)
	含钾比例/%	吸钾量/(kg/亩)	含钾比例/%	吸钾量/(kg/亩)	
H	0.613	2.818	0.439	1.461	4.279
M	0.822	3.826	0.436	1.873	5.699
L	0.651	2.449	0.443	1.478	3.927
VL	0.752	2.003	0.421	0.994	2.997
h	0.589	2.592	0.465	1.544	4.136
m	0.861	3.787	0.388	1.576	5.363
l	0.627	2.347	0.387	1.371	3.718
vl	0.625	1.524	0.344	0.774	2.298
NF	0.911	1.972	0.343	0.672	2.644

综合分析肥料运筹对夏玉米的影响结果可见，合理的肥料运筹对夏玉米高产与养分资源高效利用至关重要。施肥量过高或过低均不利于夏玉米产量的提高及养分的有效利用。施肥过量，不仅不能增产，反而浪费肥料资源。施肥不足，则夏玉米达不到高产的目标。

第四节　不同肥料运筹对秋玉米产量及养分利用的影响

一、对秋玉米 LAI 的影响

秋玉米的生长发育时间为 7 月中下旬至 10 月上中旬。生长前期与夏玉米共生，受夏玉米遮阴影响较大，历时长达 60 天。田间观测发现，与春玉米、夏玉米相比，秋玉米单叶面积较小，长宽比大，单株叶面积远小于其他两茬玉米，其群体 LAI 也小。生长后期，正处于秋季，气温开始转低，加之空气湿度较高，秋玉米易感小叶斑病，有效光合面积下降较快。由图 7-10 可见，两年秋玉米各处理最大 LAI 均低于 1.80，秋玉米 LAI 较小必然影响其物质生产能力的大小。从不同施肥法来看，两次施肥法 LAI 高于多次施肥法，说明提早施肥能缓解夏玉米与秋玉米对养分的竞争，有利于秋玉米营养体的建成。从不同施肥量结果来看，两年表现不一。1997 年表现为两个高肥处理之间以及两个低肥处理之间差异较小，但高肥处理与低肥处理有较大差异。1998 年表现为中肥处理（M 及 m）最高，这与春玉米、夏玉米的试验结果基本一致。

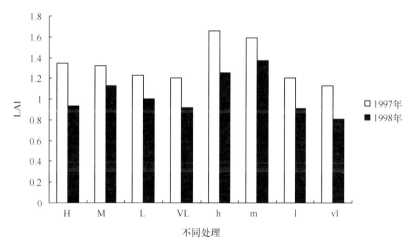

图 7-10　不同施肥处理对秋玉米 LAI 的影响

二、对秋玉米干物质积累的影响

秋玉米所处的生态条件较差，群体 LAI 较小，因而其干物质积累量少，亩生物产量仅为 150～450kg。由图 7-11 和图 7-12 可见，不同处理间、年际间有差异。1997 年表现为干物质积累量随施肥量增加而递增；在 1998 年不论是授粉期还是成熟期，都表现为二次抛物线曲线。

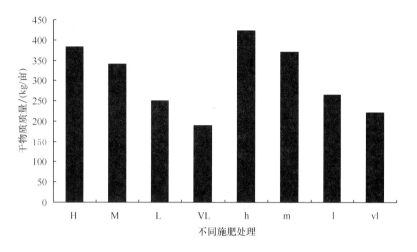

图 7-11　不同施肥处理对秋玉米成熟期干物质积累的影响（1997 年）

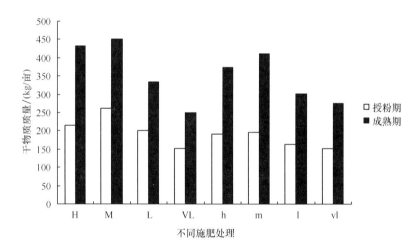

图 7-12　不同施肥处理对秋玉米干物质积累的影响（1998 年）

三、对秋玉米产量的影响

从秋玉米产量结果来看（表 7-31），两年产量较低。1997 年最高产量达到 116.8kg/亩，1998 年最高产量也仅为 90kg/亩。由于 1998 年秋玉米授粉期遇雨受涝灾，造成花粉败育，因此，1998 年秋玉米产量各处理普遍较低。产量与施肥量呈二次抛物线关系。分析产量构成因素可见，对秋玉米产量差异影响最大的是穗粒数。

表 7-31 不同施肥处理的秋玉米产量及其构成因素

年度处理	1997 年				1988 年			
	亩穗数/个	穗粒数/个	千粒重/g	亩产量/kg	亩穗数/个	穗粒数/个	千粒重/g	亩产量/kg
H	3208	310.8	137.7	116.7	1706	280.3	132.6	61.8
M	3296	305.3	135.4	115.8	1645	384.3	142.4	72.2
L	3112	195.7	132.2	68.4	1612	280.2	116.2	56.9
VL	3912	187.9	110.5	51.4	1600	245.5	102.5	49.3
h	3197	287.0	149.8	116.8	1651	274.5	134.3	63.4
m	3298	265.0	147.9	109.9	1650	313.7	139.5	90.0
l	3170	218.1	127.0	71.6	1617	245.3	143.7	52.5
vl	2876	204.7	103.0	66.1	1695	252.3	115.2	42.2

四、对秋玉米氮、磷、钾养分吸收利用的影响

1997 年和 1998 年不同处理秋玉米对氮、磷、钾的吸收状况及氮、磷肥料的生产效率见表 7-32～表 7-37，秋玉米对氮、磷、钾养分的吸收能力远低于春玉米和夏玉米。如前所述，这主要是由于秋玉米的生长势以及光合生产能力均较低，从而影响了作物根系对养分的吸收能力。从投入的氮、磷肥料生产率看，每千克氮、磷生产粮食仅为 3.3～11.0kg 和 13.6～43.3kg，肥料生产率低于春夏两茬玉米。可见，通过综合技术措施提高秋玉米产量是提高秋玉米肥料生产率的有效途径。

表 7-32 不同施肥处理的秋玉米对氮素的吸收利用状况 （1997 年）

处理	秸秆		籽粒		收获氮量/(kg/亩)	化肥氮生产率/(kg 粮/kg 氮)
	含氮比例/%	吸氮量/(kg/亩)	含氮比例/%	吸氮量/(kg/亩)		
H	0.969	2.569	1.56	1.821	4.390	6.2
M	0.972	2.177	1.82	2.108	4.285	10.0
L	0.950	1.754	1.56	1.067	2.821	8.2
VL	0.978	1.331	1.59	0.817	2.148	8.6
h	0.993	2.964	1.65	1.927	4.891	6.2
m	1.014	3.042	1.87	2.055	5.097	9.5
l	1.158	2.538	1.65	1.231	3.769	9.0
vl	0.874	1.376	1.67	1.104	2.480	11.0

表 7-33　不同施肥处理的秋玉米对氮素的吸收利用状况（1998 年）

处理	秸秆		籽粒		收获氮量/(kg/亩)	化肥氮生产率/(kg 粮/kg 氮)
	含氮比例/%	吸氮量/(kg/亩)	含氮比例/%	吸氮量/(kg/亩)		
H	0.973	3.572	1.48	0.9146	4.487	3.4
M	0.905	3.266	1.48	1.0690	4.335	7.8
L	0.857	2.417	1.45	0.8251	3.242	6.3
VL	0.784	1.610	1.53	0.7543	2.364	7.0
h	0.910	2.842	1.80	1.1412	3.983	3.3
m	0.854	2.989	1.43	1.2870	4.276	5.4
l	0.932	2.288	1.49	0.7823	3.070	6.9
vl	0.929	2.096	1.59	0.6710	2.767	8.2

表 7-34　不同施肥处理的秋玉米对磷素的吸收利用状况（1997 年）

处理	秸秆		籽粒		收获磷量/(kg/亩)	化肥磷生产率/(kg 粮/kg 磷)
	含磷比例/%	吸磷量/(kg/亩)	含磷比例/%	吸磷量/(kg/亩)		
H	0.122	0.298	0.310	0.362	0.440	25.7
M	0.150	0.372	0.412	0.477	0.849	42.8
L	0.118	0.207	0.326	0.223	0.430	32.7
VL	0.122	0.155	0.346	0.178	0.333	33.7
h	0.114	0.317	0.308	0.360	0.677	25.7
m	0.137	0.439	0.296	0.325	0.764	40.6
l	0.140	0.225	0.305	0.228	0.453	35.6
vl	0.086	0.129	0.277	0.183	0.312	43.3

表 7-35　不同施肥处理的秋玉米对磷素的吸收利用状况（1998 年）

处理	秸秆		籽粒		化肥磷生产率/(kg 粮/kg 磷)
	含磷比例/%	吸磷量/(kg/亩)	含磷比例/%	吸磷量/(kg/亩)	
H	0.124	0.455	0.354	0.674	13.6
M	0.092	0.332	0.345	0.581	26.7
L	0.114	0.323	0.326	0.508	27.2
VL	0.083	0.170	0.300	0.318	32.3
h	0.117	0.365	0.364	0.596	14.0
m	0.106	0.371	0.353	0.689	33.3
l	0.112	0.275	0.305	0.435	25.1
vl	0.118	0.266	0.312	0.398	27.6

表 7-36　不同施肥处理的秋玉米对钾素的吸收利用状况（1997 年）

处理	秸秆		籽粒		收获钾量/(kg/亩)
	含钾比例/%	吸钾量/(kg/亩)	含钾比例/%	吸钾量/(kg/亩)	
H	0.522	1.384	0.475	0.554	1.938
M	0.578	1.295	0.554	0.642	1.937
L	0.630	1.163	0.535	0.366	1.529
VL	0.489	0.666	0.525	0.270	0.759
h	0.583	1.740	0.493	0.576	2.316
m	0.576	1.728	0.552	0.607	2.335
l	0.640	1.269	0.523	0.390	1.659
vl	0.463	0.729	0.522	0.345	1.074

表 7-37　不同施肥处理的秋玉米对钾素的吸收利用状况（1998 年）

处理	秸秆		籽粒		收获钾量/(kg/亩)
	含钾比例/%	吸钾量/(kg/亩)	含钾比例/%	吸钾量/(kg/亩)	
H	0.384	1.41	0.411	0.26	1.67
M	0.400	1.44	0.446	0.40	1.84
L	0.283	0.80	0.432	0.23	1.03
VL	0.384	0.79	0.405	0.17	0.96
h	0.434	1.36	0.380	0.23	1.59
m	0.487	1.70	0.453	0.28	1.98
l	0.453	1.11	0.425	0.24	1.35
vl	0.490	1.11	0.435	0.21	1.32

第五节　不同肥料运筹对多熟模式全年总产量以及土壤肥力的影响

一、不同肥料运筹对多熟模式全年总产量的影响

表 7-38 为不同处理一麦三玉米两年总产量结果。由表可见：①两年平均，除 VL 处理产量较低外，其他处理均超过吨粮，这说明在封丘地区目前地力状况下，增加肥料投入是现阶段提高产量的重要手段。②增加肥料投入的增产效果是有限度的。在封丘地区中肥量处理（M 或 m 处理）平均产量最高，在此基础上再增加施肥量会导致减产。③两年总产量变幅较大的主要原因在于气候条件的差

异。1997 年属干旱年型，光照充足；1998 年属易涝年型，降水偏多，光照不足。
④两年平均产量结果表明，不同施肥法之间产量无明显差异，从总体上来看，两
次施肥法好于多次施肥法（图 7-13，图 7-14）。

表 7-38　不同处理的年总产量比较　　　　　（单位：kg/亩）

处理	1997 年	1998 年	两年平均
H	1329.9	987.2	1158.6
M	1372.7	1185.7	1279.2
L	1137.6	945.1	1041.4
VL	886.6	622.5	754.6
h	1331.2	1008	1169.6
m	1429.8	1169.6	1299.7
l	1159.8	972	1065.8
vl	875.5	615.9	745.7
NF	—	286.4	286.4

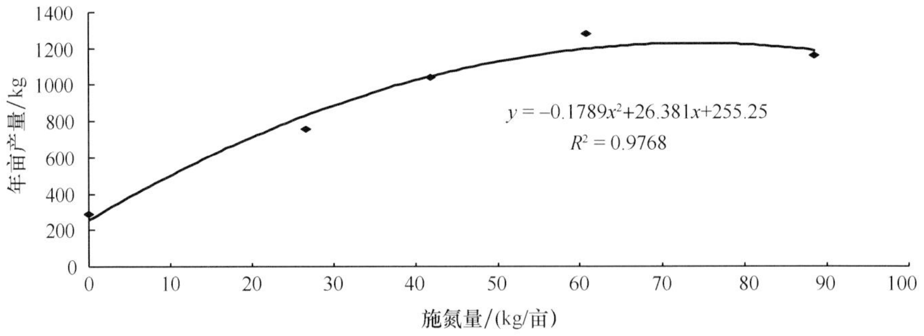

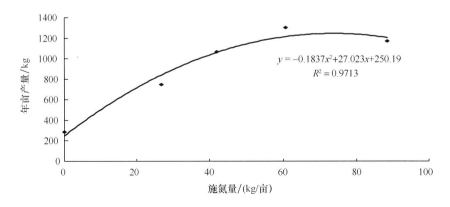

图 7-13　两次施肥法对多熟模式年亩产量的影响

图 7-14　多次施肥法对多熟模式年亩产量的影响

二、不同肥料运筹对年养分吸收量及肥料累计利用率的影响

从不同处理养分投入、产出、利用率两年平均值（表 7-39）可以看出：①随着氮、磷养分投入的不断增加，氮、磷养分产出也随之增加，但氮、磷养分产出量与增加量不是同步递增，特别是当养分投入达到较高数量，再增加投入量其产出量变化很小；②作物每年从土壤中带走的钾量是可观的，且随着施氮、磷水平的提高和作物总产量的提高而增加，如无肥区每年每亩带走 9.3kg 钾，施肥区带走的钾是无肥区的 2～3 倍，因此在高产栽培条件下，应适量补充施用钾肥；③从总体上来看，在合理施肥的情况下，高产田的氮肥累计表观利用率在 50% 以上，若过量施氮，其利用率显著降低；④不同处理的累计氮肥表观利用率均在 30% 以上，但表现为施氮过高或过低时利用率较正常处理有较明显的下降趋势；⑤在施肥量相同、施肥方法不同的情况下，各处理的氮、磷利用率没有明显的差异，其差异均未超过 5 个百分点。但表现出投肥量高时，分多次施肥的利用率稍好于两次施肥；投肥量少时，集中两次施肥的利用率略高于分多次施用的趋势。

表 7-39　不同处理年养分投入、产出与利用状况（两年平均）

处理	投入养分/(kg/亩)		产出养分/(kg/亩)			肥料利用率/(kg/亩)		养分消耗量/(kg/100kg 粮食)		
	氮	磷	氮	磷	钾	氮	磷	氮	磷	钾
H	88.5	16.6	43.2	6.8	25.7	38.8	34.3	3.72	0.59	2.22
M	60.7	11.3	41.6	6.5	23.7	53.9	47.8	3.25	0.51	1.85
L	41.9	8.9	32.4	4.6	19.0	56.1	39.3	3.11	0.44	1.82
VL	26.7	6.6	23.6	3.3	17.3	55.1	33.3	3.13	0.44	2.29
h	88.5	16.6	40.4	6.3	25.2	35.6	31.3	3.45	0.54	2.15
m	60.7	11.3	40.4	6.2	25.5	51.9	45.1	3.11	0.48	1.96
l	41.9	8.9	33.8	5.0	20.8	59.4	43.8	3.17	0.47	1.95
vl	26.7	6.6	24.0	3.1	17.6	56.6	30.3	3.22	0.42	2.36
NF	0	0	8.9	1.1	9.3	—	—	3.11	0.38	3.25

养分消耗量是指每生产 100kg 籽粒及相应的茎叶所需从土壤中吸收和带走的养分数量。从表 7-39 可以看出，每生产 100kg 籽粒需消耗氮 3.11～3.72kg，磷为 0.42～0.59kg，钾为 1.82～2.36kg。氮和磷的消耗量均随施肥水平的提高而增加，如同样生产 100kg 籽粒，M 处理比 VL 处理的氮、磷消耗量分别高 3.8% 和 15.9%。这主要是由于高肥区在作物生长过程中形成单位干物质吸收养分量增多所造成的。这显然不是"超额消耗"，而是获得高额产量所必须付出的代价。

由表 7-40 和表 7-41 可见，①全年亩施氮量、氮素费用与年亩产量、亩产值均呈抛物线曲线关系。②从平均产量（产值）、边际产量（产值）及生产（产值）弹

性系数来看，在亩施氮量为 41.9kg 时三项指标值均较高，超过此量则三项指标开始减少。过多施肥后导致减产，其边际产量和生产弹性系数变为负值。③从总体上看，最高年产量的施氮量为 60.7kg，最佳经济施肥量为 41.9kg。从经济学角度来看，全年亩施氮量由 41.9kg 增至 60.7kg，虽仍有利可图，在技术上是可取的、可行的，但边际产出下降，尚需进一步加强超高产的节本增效研究工作。

表 7-40　不同施氮处理的边际产量效应分析[*]

| 氮素用量/kg | 年亩产量/kg | 平均产量（AP） | 边际产量（MP） | 生产弹性系数 |
X	Y	Y/X	$\Delta Y/\Delta X$	MP/AP
88.5	1164.1	13.2	−4.51	−0.34
60.7	1289.5	21.2	12.55	0.59
41.9	1053.6	25.1	19.96	0.80
26.7	750.2	28.1	17.37	0.62
0	286.4	—	—	—

[*] 表中产量为两年两种施肥法平均值。

表 7-41　不同施氮处理的边际产值效应分析[*]

| 氮素费用/元 | 年亩产量/元 | 平均产量（AM） | 边际产量（MM） | 产值弹性系数 |
X	Y	Y/X	$\Delta Y/\Delta X$	MM/AM
289	1896.2	6.6	−2.24	−0.34
198	2100.4	10.6	6.29	0.59
137	1716.8	12.5	9.99	0.80
87	1216.9	13.9	8.62	0.62
0	467.3	—	—	—

[*] 表中产量为两年两种施肥法平均值。

三、不同肥料运筹对土壤肥力平衡状况的影响

建设超高产田，挖掘土地生产潜力，是否会造成土壤肥力的退化是人们关注的问题。全量养分是土壤养分的储藏库，也是生产潜力的重要标志，速效养分则是供肥强度的重要反映，易受措施的调控。由表 7-42 可见：①土壤有机质含量下降。在连续不施有机肥的情况下，土壤有机质逐年降低，且施肥量越少降低速率越大。如两年后有机质下降了 18.7%～33.7%，这可能是由于秸秆不能还田造成有机质的矿化大于积累的结果。②土壤全钾量下降。两年不施钾肥后，全钾量降低 5.1%～6.1%。③土壤全氮量表现为先降后升。试验第一年后全氮量较本底土壤下降了 0.018～0.027g/kg，而第二年恢复提高并比本底土壤增加了 0.029～0.075g/kg，其原因尚待进一步研究。④施肥后土壤全磷量、速效磷和水解氮均是增加的，且表现为随施肥量增加而递增的趋势。

表 7-42　不同肥料运筹的土壤肥力变化

处理	测定时间	有机质/(g/kg)	全氮/(g/kg)	全磷/(g/kg)	全钾/(g/kg)	水解氮/(mg/kg)	速效磷/(mg/kg)
本底值	1996 年 10 月	8.46	0.584	0.582	19.6	44.3	10.3
H	1997 年 10 月	7.99	0.557	0.728	18.8	93.8	19.3
	1998 年 10 月	6.88	0.622	0.801	18.4	74.3	25.1
M	1997 年 10 月	8.22	0.563	0.662	18.8	63.3	19.1
	1998 年 10 月	6.79	0.651	0.723	18.4	65.8	19.3
L	1997 年 10 月	8.27	0.566	0.596	18.9	58.1	10.9
	1998 年 10 月	6.22	0.659	0.705	18.5	58.5	15.7
VL	1997 年 10 月	8.42	0.557	0.582	19.5	46.3	10.5
	1998 年 10 月	5.61	0.611	0.659	18.6	50.2	11.7

注:表中的本底值是指试验进行前(1996 年 10 月)的基础值。

　　综上所述,两年测定结果表明,在不施有机肥和钾肥时,各处理的有机质与全钾量为负平衡,全氮、全磷、水解氮和速效磷为正平衡。由表可见,在这种高投入的情况下,土壤中的水解氮含量是相当高的,这对作物高产是有利的,但其对环境污染(特别是地下水的铵态氮和硝态氮含量)的影响如何,仍是今后需要加以研究的问题,这也将是关系到此类集约多熟模式能否持续发展的问题之一。

第六节　不同水分运筹对冬小麦、夏玉米、春玉米产量及水分利用的影响

　　中国的农作物主要依靠灌溉生产,近 80% 的粮食产于灌溉农田(陈敏建,1998)。灌溉在稳产、高产中发挥的显著作用是有目共睹的。然而由于灌溉不合理,造成水资源浪费严重,水的增产效益不高。因此通过研究作物的需水特点来灌溉,实行节水灌溉,探索在节水的同时获得高产的水分运筹方法对充分有效地合理利用有限的水资源显得尤为重要。以下主要对冬小麦、夏玉米、春玉米三茬作物从耗水量、产量与水分利用效率等方面进行分析。

一、不同水分运筹对冬小麦耗水量、产量与水分利用的影响

1. 冬小麦灌水量对生物产量的影响

　　由图 7-15 可见,不同水分运筹的冬小麦生物产量差异显著。无论供氮水平高低,总灌水量以 37.0mm 处理的生物产量最低,总灌水量为 105.0mm 的次之,总灌水量达 172.0mm 和 273.0mm 的生物产量最高,而总灌水量为374.0mm 和 475.0mm 的则表现为在低氮时与前者差异不大,在高氮水平下反而

低于前者。由上可见，对于冬小麦干物质生产来说，水分过量或过少均是不利的，总灌水量控制在 172.0～273.0mm 较为适宜。

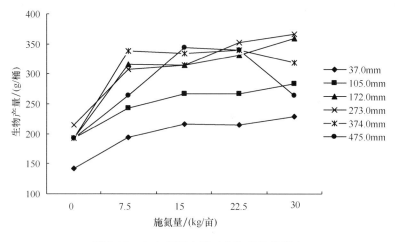

图 7-15　冬小麦灌水量对生物产量的影响

2. 冬小麦灌水量对籽粒产量的影响

与生物产量相似，不同灌水量下的冬小麦籽粒产量有较大的差异（图 7-16）。在低灌水量（37.0～105.0mm）时，小麦产量显著降低。而当灌水量≥172.0mm时，除施氮量过高（30kg氮/亩）时最高灌水量处理产量较低外，其他灌水量处理之间籽粒产量无显著差异。以上试验结果表明，耗水过多并不能明显增加小麦籽粒产量，而耗水过少则不能满足小麦高产的需要，导致严重减产。总灌水量在172.0mm 左右能满足小麦需水要求，同时又能获得高产的水分控制指标。

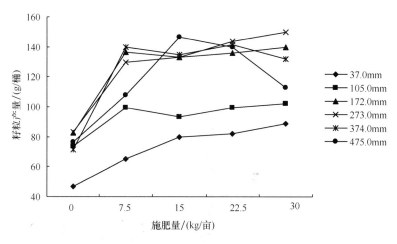

图 7-16　冬小麦灌水量对籽粒产量的影响

3. 冬小麦水分利用效率与灌水量的关系

图 7-17 和图 7-18 是不同施氮肥条件下，小麦灌水量与生物产量、籽粒产量水分利用效率的关系。从总体上来看，不管是生物水分利用效率（WUE），还是籽粒 WUE，一般表现为灌水量越大，WUE 越低；灌水量越少，WUE 越大。但从籽粒 WUE 值可见，不同施氮肥条件下灌水量为 172.0mm 的 WUE 高于 105.0mm 处理的，且其平均 WUE 值为最高，达 1.9～2.0g/kg。

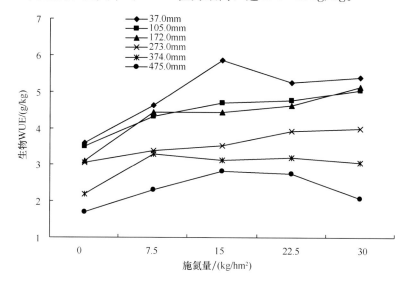

图 7-17　冬小麦不同灌溉量下的生物水分利用效率

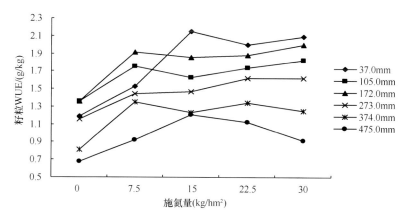

图 7-18　冬小麦不同灌溉量下的籽粒产量水分利用效率

综合冬小麦灌水量、WUE 和产量三者来看，可以认为在目前条件下，总灌水量在172.0mm左右是小麦节水高产的水分控制参考指标。

二、夏玉米的灌水量、产量与水分利用效率状况

夏玉米是典型的喜水作物，由于其生长发育期主要处于高温季节，蒸腾、蒸发量较大，因此与冬小麦相比，夏玉米对土壤水分状况反应较为敏感。

1. 灌水量与夏玉米生物产量的关系

图7-19是不同灌水量下的夏玉米生物产量结果。从干物质量来看，夏玉米干物质量与灌水量之间基本呈直线正相关关系。由图7-19可见，灌水量为109mm的生物产量仅及最高值的10%左右；当灌水量为197～494mm，表现为随着灌水量的提高，生物产量也同步增加。但灌水量过多（632mm）时，则生物产量不再增加，这是因为在总灌水量中有相当一部分成为无效水，如通过渗漏、过度蒸发损失。而且，过多的水分造成通气性不良，影响玉米根系的发育和吸收。据测定，灌水量为109～379mm时，基本上无渗漏水出现，而在494～632mm时，其渗漏量分别占灌水量的15.5%和30.4%。这一结果表明，适度控制灌溉定额、减少无效水的消耗，不仅能节水，而且还能增产。

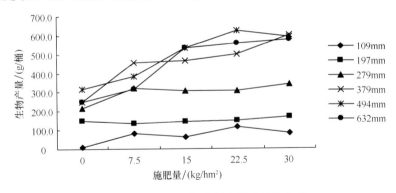

图7-19　夏玉米生物产量与灌水量的关系

2. 灌水量与夏玉米籽粒产量的关系

与水分—生物产量反应关系相似，籽粒产量与水分供给亦呈正相关，但不为线形，而是曲线关系，其拐点出现在灌水量为279mm时。在灌水量为109～279mm时，虽有一定数量的干物质生产，但其积累的干物质多用于营养体的建成，而转化为经济产量的比例较低。如图7-20所示，灌水量为109～197mm时，基本无籽粒产量；而在灌水量达379mm后，土壤水分状况良好或充足，特别是夏玉米灌浆期，良好的水分条件有利于籽粒的形成与灌浆，其经济系数必然较

高。这是造成水分—生物产量与水分—籽粒产量反应关系差异的主要原因。与玉米相比，在较低供水条件下（如 180～200mm）仍具有一定经济产量形成的能力，这与二者生育期处于不同的蒸散环境有关。

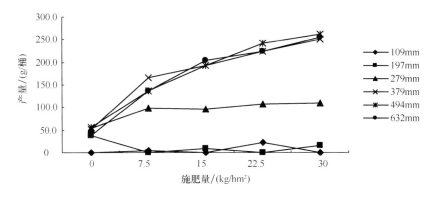

图 7-20　夏玉米产量与灌水量的关系

3. 灌水量与夏玉米 WUE 的关系

通过分析夏玉米的 WUE 可见（图 7-21，图 7-22），不论是生物产量，还是籽粒产量的 WUE，均以灌水量为 379mm 时最高，分别达 3.16g/kg 和 1.309g/kg，水分供应过多或过少都不利于水分利用效率的提高。从节水高产的角度出发，灌水量为 379mm 可以作为夏玉米的水分定额指标。

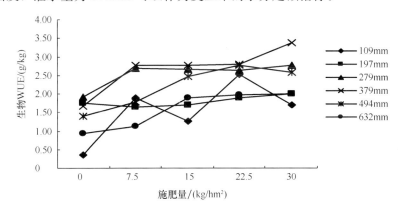

图 7-21　夏玉米生物产量水分利用效率

综合以上冬小麦和夏玉米的试验结果比较来看，表现为：①夏玉米灌水量大。虽然冬小麦生长期长达 8 个月，夏玉米仅为 100 天左右，但由于所处生长季节不同，灌水量差异较大。冬小麦的适宜灌水量为 313mm，夏玉米为 379mn。②水分亏缺对夏玉米产量影响较大，对小麦影响则较小。在水分严重不足时，夏

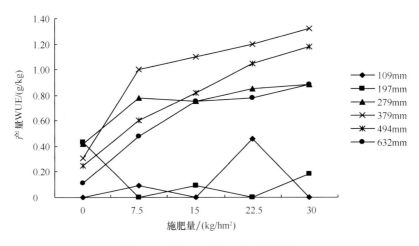

图 7-22　夏玉米产量水分利用效率

玉米产量几乎绝收，而冬小麦则仍有一定的收成。这说明保证适度的水分供应对夏玉米高产是必需的。

三、不同水分运筹对春玉米产量与水分利用的影响

根据从田间张力计读数变化的动态结果，春玉米于 3 月 10 日造墒播种后，由于有地膜覆盖、春季蒸发量较小以及降水的共同作用，5 月初之前 50cm 土层张力计读数一直在 30kPa 以下，一般不需要灌溉，而在 5 月底春玉米大喇叭口期至 6 月下旬灌浆盛期春玉米蒸腾蒸发量大时需要补充灌溉。表 7-43 是在田间埋桶试验不同水分运筹下春玉米产量与水分利用结果。结果表明，灌溉量为 379mm 既能保证春玉米的正常生长发育，又能获得较高的生物 WUE 和产量 WUE。

表 7-43　不同灌溉量对春玉米产量与水分利用的影响

灌溉量 /mm	最大 LAI	生物产量 /(g/桶)	产量 /(g/桶)	生物 WUE /(g/kg)	籽粒 WUE /(g/kg)
494	2.51	580.5	283.7	4.27	2.08
379	2.68	610.2	317.4	4.63	2.41
297	2.32	559.7	278.3	4.44	2.21
197	1.78	403.3	171.5	2.73	1.36

通过以上对冬小麦、夏玉米和春玉米的适宜灌水量的分析可以发现，因三茬作物的生长季节不同，其适宜的灌水量也有差异。以春玉米最大，为 423mm；夏玉米次之，为 379mm；冬小麦最低，为 313mm。这为指导多熟下的灌溉提供

了一定的依据。当然，在间套作情况下，如冬小麦/春玉米/夏玉米间套作时，其灌水量并不是简单的三者灌水量之值相加之和，而应是低于三者灌水量之值相加之和，这是因为在两种作物共生时，常常是水分吸收高峰与吸收低峰相交错，在一定程度上存在着水分互补关系。

参 考 文 献

陈国平.1986.夏玉米的高产生育模式及其控制技术.中国农业科学,1:33

陈敏建.1998-12-7.水土资源利用与粮食生产潜力分析.中国科学报

何萍,金继运,林葆.1998.氮肥用量对春玉米叶片衰老的影响及其机理研究.中国农业科学,31(3):66～71

黄德明,俞仲林,朱德锋等.1988.淮北地区高产小麦植株吸氮及土壤供氮特性.中国农业科学,5:59～65

江苏省农科院土肥所.1981.苏州地区氮素化肥合理施用技术研究.江苏农业科学,2:1～9

焦德茂,陈秀瑾.1988.主要农作物光合特性解析与在生产上的应用Ⅱ.不同施氮水平对小麦光合能力的影响.江苏农业科学,3:14～17

李纯忠,郭炳家.1993.吨粮田地力建设和施肥效益.土壤肥料,1:1～4

刘伟仲.1984.等量氮肥不同施期对棉株生育的影响.江苏农业科学,5:7～9

刘巽浩.1994.耕作学.北京:中国农业出版社.130～132

彭永欣,郭文善,封超年等.1992.小麦籽粒生长特征分析.江苏农学院院报,13(3):9～15

王家玉.1987.多熟制条件下稻田土壤肥力演变及其管理.中国农业科学院,3:73～80

吴敬民,高建峰.1994.氮肥不同施用方法对小麦生长及其吸收利用氮的影响.土壤通报,5:210～212

许怀高.1984.谷子追施氮肥时期的研究.土壤肥料,2:25～26

杨建昌,王志琴,朱庆森.1996.不同土壤水分状况下氮素营养对水稻产量的影响及其生理机制的研究.中国农业科学,4:58～66

姚振高.1982.利用肥料反应试验和经济模式确定最佳施肥量.土壤通报,2:42～47

张继林,孙元敏,郭绍铮等.1988.高产小麦营养生理特性与高效施肥技术的研究.中国农业科学,4:39～45

张燕,尹继春.1983.油菜春后不同时期追施氮肥对叶面积、干物重和产量结构的影响.中国农业科学院,6:18～25

周晓芬.1997.氮钾肥对夏玉米的增产效应及经济施肥量.土壤肥料,3:20～22

邹木五.1983.双季稻高产稳产施肥规范化研究.中国农业科学,5:33～38

展　　望

一、两种新型栽培模式的生态适应性与应用前景

　　一麦三玉米模式是河南省扶沟县劳动模范高喜经过连续多年探索的一种新型栽培模式，作者在河南省扶沟县和封丘县两地连续 4 年的实践与试验结果表明，一麦三玉米模式是目前技术条件下，通过集约栽培和集约种植进一步挖掘耕地单产、向着光温生产潜力逼近的一种有效途径；是在大面积吨粮田出现后，如何突破吨粮格局，实现高产田更高产的有益尝试。但总的来看，一麦三玉米模式在两地的生态适应性尚不稳定，主要表现在秋玉米的产量低而不稳定，有待于深入探讨。一种多熟种植模式能否在生产中大面积应用，是由综合因素决定的，包括热量条件、水分条件、社会经济等条件。首先，一麦三玉米的应用范围取决于热量资源条件。从本质上讲，一麦三玉米是小麦复种夏玉米与春玉米复种秋玉米以及小麦、春玉米、夏玉米、秋玉米连环间套的复合类型，因而它兼有间、套、复种的优点与缺点，但技术上更为复杂。从热量资源来看，能否满足春玉米与秋玉米复种正常成熟是一麦三玉米模式生存与否的先决条件。从扶沟县热量条件分析来看，采用早熟品种—早熟品种搭配，则可基本能保证春玉米、秋玉米正常灌浆成熟。若采用早-中熟品种搭配，需辅之以育苗移栽，热量条件方能满足。在年积温低于扶沟县的封丘县的两年试验表明，在春玉米、秋玉米直播的条件下，若要保证秋玉米正常成熟，春玉米播种期必须提前到 3 月 10 日左右，否则秋玉米难以成熟。从热量条件来看，越往北，热量资源越显紧张，不宜盲目发展。而越往南，热量资源条件改善，特别是早春回温较快、晚秋降温较慢的地区，可加以试验、推广，如河南南阳、信阳等地区。此外，光照的强弱、季节分布也是决定一麦三玉米模式应用范围的一个方面。一麦三玉米模式作物共生时间长、空间高度差大，作物间光竞争比较激烈，如果气候条件是阴雨连绵，日照百分率低，则可能加重低位作物的受阴状况，特别是在春玉米与夏玉米、夏玉米与秋玉米共生期间的 7～9 月份光照不足的地区，如四川的成都平原等，则可能不适于这种多熟间套模式。连续 4 年试验发现，秋玉米在灌浆期容易感染小叶斑病，且空气湿度越高，感病越严重，影响秋玉米的正常灌浆。其次，一麦三玉米模式是一种水、肥、技术条件要求高的集约种植模式，宜在精种高产地区推广，而对于单产水平

低、技术水平差、管理粗放的地区则不宜推广；再者，一麦三玉米模式是一种较为费工的种植模式，技术简化工作尚不够，需要进一步改进。从目前来看，宜优先在人均耕地少的地区试验推广。与一麦三玉米相比，一麦二玉米模式对积温的要求和作物接茬衔接时间比较宽松，在两地的生态适应性较强，产量也比较稳定，适宜大面积推广。

二、间作套种下的农艺与农机相结合的问题

在间作套种下，一般来说不适宜于大型机械作业，农事操作主要依靠手工，劳动力投入较多，因此探索适合中小型农机具的间作套种形式对于间作套种的健康发展十分重要。笔者在间作套种研究的实践中也注意到了这一问题。解决间作套种与农业机械化矛盾需要从两个方面进行：一是生产适合于间作套种的农机具，如华北各地近年来推出的玉米、花生、大豆点播耧，适合麦垄套种；二是从农艺角度入手，研究适合中小型农机具的带型。通过对窄带型（2.5m）、中带型（3.0m 和 3.2m）和宽带型（4.0m）的研究发现，在保证作物种植密度的前提下，改变作物田间配置方式，其产量仍基本保持不变，但宽带型有利于中小型农机具的作业，从而大大降低劳动强度，提高劳动生产率。在封丘的实践表明，3.2m 带型和 4.0m 带型的一麦二玉米、一麦三玉米大田，小麦可以实现机械收割。由此可见，通过适当的方法，间作套种与农机的矛盾是可以缓解的。

图　　版

图1　冬小麦套种棉花共生中后期

图2　冬小麦套种棉花模式共生末期

图 3　一麦二玉米模式

图 4　一麦三玉米模式的冬小麦与春玉米共生前期

图 5 一麦三玉米模式的冬小麦与春玉米共生中期

图 6 一麦三玉米模式的冬小麦与春玉米共生后期

图 7　一麦三玉米模式的冬小麦收获期

图 8　一麦三玉米模式的春玉米与夏玉米共生前期

图 9 一麦三玉米模式的春玉米与夏玉米共生中期

图 10 一麦三玉米模式的春玉米与夏玉米共生后期

图 11　一麦三玉米模式的春玉米与夏玉米共生末期

图 12　一麦三玉米模式的夏玉米与秋玉米共生前期

图13　一麦三玉米模式的夏玉米与秋玉米共生后期